Chizoba Kanu

Impacto percebido do derrame de petróleo na produção de mandioca

Chizoba Kanu

Impacto percebido do derrame de petróleo na produção de mandioca

ScienciaScripts

Imprint

Cover image: www.ingimage.com

This book is a translation from the original published under ISBN 978-620-8-06601-7.

Publisher:
Sciencia Scripts
is a trademark of
Dodo Books Indian Ocean Ltd. and OmniScriptum S.R.L publishing group

120 High Road, East Finchley, London, N2 9ED, United Kingdom
Str. Armeneasca 28/1, office 1, Chisinau MD-2012, Republic of Moldova, Europe
Printed at: see last page
ISBN: 978-620-8-15638-1

DEDICAÇÃO

Dedico esta Dissertação a Deus Todo-Poderoso, o Meu Criador.

AGRADECIMENTOS

A minha sincera gratidão vai para Deus Todo-Poderoso pelas suas numerosas bênçãos.

Um agradecimento especial vai também para o meu orientador, Dr. Ikechi Okwakpam, supervisor do projeto de investigação, cuja inestimável assistência, correcções e sugestões tornaram possível a conclusão deste trabalho.

A minha sincera gratidão ao Diretor-Geral, Dr. Ikechi Okwakpam, ao Prof. Onyekachi Amadi, o Diretor da Faculdade, e a todos os professores do Departamento de Geografia e Estudos Ambientais da Universidade de Educação Ignatius Ajuru, no Estado de Rivers, ao Dr. Ukpere e ao Dr. Poronakie e a todos os outros professores do departamento que contribuíram para este sucesso. Um agradecimento especial ao Dr. Chidi Ajoku pelos seus esforços para garantir a realização desta dissertação.

Agradeço profundamente aos meus pais, Sir e Lady Frederick Kanu, à minha querida esposa, Surveyor Ifeyinwa Florence Mary Kanu, e à minha adorável filha, Miss Mmasinachi Adaeze Kanu, pois são de facto muito queridos para mim.

Finalmente, todos os agradecimentos a Deus Todo-Poderoso pela sua inspiração, proteção e orientação durante todo o período do programa. Amém.

RESUMO

Esta dissertação tem como objetivo investigar o impacto percebido dos incidentes de derrame de petróleo na produção de mandioca na Área Governamental Local de Oguta do Estado de Imo, na Nigéria. O objetivo é verificar a correlação entre os impactos percebidos e as questões relacionadas com a saúde, os desafios económicos, as práticas sociais e culturais, as preocupações ambientais e o stress/ansiedade psicológicos sentidos pelos agricultores, pelas partes interessadas e pelas comunidades locais na área de estudo. Esta dissertação foi realizada recorrendo a um método de investigação de correlação, utilizando a técnica de Correlação Produto-Momento de Pearson (PPMC) e uma amostragem criteriosa/positiva. Através de inquéritos estruturados, entrevistas e análise de dados, o estudo visa descobrir padrões e tendências nos impactos percebidos, fornecendo informações sobre as consequências multifacetadas dos derrames de petróleo nos meios de subsistência agrícolas. As principais conclusões da análise de correlação contribuirão para uma compreensão mais profunda da interligação entre os incidentes de derrame de petróleo e o bem-estar socioeconómico, ambiental e psicológico dos agricultores e das comunidades locais. A investigação identificará também as vias potenciais através das quais os impactos dos derrames de petróleo se manifestam em questões relacionadas com a saúde, instabilidade económica, perturbações sociais, degradação ambiental e factores de stress psicológico. As recomendações informarão os decisores políticos, as agências ambientais e as partes interessadas da comunidade sobre estratégias eficazes para atenuar os efeitos adversos dos derrames de petróleo na produção de mandioca e enfrentar os desafios sanitários, económicos, sociais, ambientais e psicológicos daí resultantes. Ao promover a consciencialização e a adoção de práticas agrícolas sustentáveis, esta investigação visa apoiar a resiliência e o bem-estar das comunidades agrícolas afectadas por incidentes de derrame de petróleo na Área Governamental Local de Oguta e em regiões semelhantes. Este estudo constitui um recurso valioso para os decisores, investigadores e profissionais que procuram abordar a complexa interação entre os derrames de petróleo, os meios de subsistência agrícolas e o bem-estar das comunidades nas regiões produtoras de petróleo.

ÍNDICE DE CONTEÚDOS

CAPÍTULO UM
INTRODUÇÃO

1.1 Antecedentes do estudo

O impacto percebido dos derrames de petróleo pode variar muito, dependendo de factores como a localização do derrame, o volume e o tipo de petróleo derramado, o ecossistema afetado e os esforços de resposta desenvolvidos. Os derrames de hidrocarbonetos podem causar danos significativos aos ecossistemas, incluindo os habitats marinhos, as zonas húmidas e as zonas costeiras. O petróleo reveste as plantas e os animais, sufocando a vida marinha, perturbando as cadeias alimentares e danificando habitats sensíveis. Os impactos a longo prazo podem incluir a redução da biodiversidade e da resistência dos ecossistemas. Os derrames de petróleo podem ter consequências económicas graves para as comunidades dependentes dos recursos naturais afectados, como a pesca, o turismo e a agricultura. ES Osuagwu (2018) demonstra que os níveis crescentes de derrame de petróleo e de produção de petróleo afectam negativamente a produção de peixe na região do Delta do Níger, na Nigéria. A perda de rendimentos, de oportunidades de emprego e de valores de propriedade pode ocorrer devido à redução da produtividade e à contaminação dos recursos. A exposição ao petróleo e aos produtos químicos que lhe estão associados pode representar riscos para a saúde dos seres humanos e da vida selvagem. A inalação, ingestão ou contacto da pele com o petróleo e os seus componentes tóxicos pode provocar problemas respiratórios, irritação da pele, problemas reprodutivos e efeitos a longo prazo na saúde. A DRE Ewim (2023) apresentou uma análise exaustiva da questão das águas residuais resultantes de derrames de petróleo e da poluição na região do Delta do Níger, na Nigéria. Os derrames de petróleo podem perturbar a coesão social e o bem-estar das comunidades, deslocando populações, prejudicando os meios de subsistência tradicionais e afectando as redes de apoio social. As comunidades podem sofrer de stress, ansiedade e trauma à medida que enfrentam as consequências de um derrame e a incerteza dos esforços de recuperação. As comunidades indígenas e os grupos culturais com ligações profundas ao ambiente afetado podem sofrer impactos culturais profundos devido aos derrames de petróleo. Ite et al (2018) "A região do Delta do Níger tem sido atormentada por numerosos desafios ambientais e socioeconómicos, incluindo problemas generalizados de poluição e águas residuais devido a derrames de petróleo, queima de gás, e outras actividades industriais". A perda de locais sagrados, práticas tradicionais e património cultural pode corroer a identidade e a capacidade de resistência das comunidades. Os derrames de petróleo conduzem frequentemente a acções legais e regulamentares contra as partes responsáveis, incluindo multas, sanções e litígios. As agências reguladoras podem implementar regulamentos mais rigorosos e medidas de supervisão para evitar futuros derrames e mitigar os riscos ambientais. Os derrames de petróleo podem prejudicar a reputação das empresas, indústrias e regiões associadas ao incidente, afectando a confiança do público, a confiança dos investidores e as relações com as partes interessadas. A perceção da gestão ambiental e da responsabilidade empresarial pode ser afetada negativamente. Em geral, os impactos percebidos dos derrames de hidrocarbonetos vão além dos danos ambientais imediatos e abrangem uma série de dimensões sociais, económicas, sanitárias e culturais. A resposta eficaz aos derrames, a atenuação e os esforços de recuperação são essenciais para minimizar estes impactos e promover a recuperação a longo prazo e a resiliência das comunidades e ecossistemas afectados.

O petróleo bruto, também conhecido como petróleo, é um combustível fóssil natural constituído por compostos de hidrocarbonetos. É formado a partir de restos de organismos marinhos antigos, como plâncton e algas, que foram enterrados e sujeitos a calor e pressão durante milhões de anos. O petróleo bruto é extraído de reservatórios subterrâneos através de operações de perfuração e serve como uma fonte vital de energia e matéria-prima para várias indústrias em todo o mundo. DC Onwumelu (2022), "Crude oil, the world's major source of energy" (Petróleo bruto, a principal fonte de energia do mundo). As principais caraterísticas do petróleo bruto incluem: composição, propriedades, tipos, utilizações, extração e produção, impactos ambientais e na saúde. Em geral, o petróleo bruto desempenha um papel central na economia global e no sistema energético, mas a sua extração, produção e consumo colocam desafios ambientais, sociais e geopolíticos que exigem uma gestão sustentável e a transição para energias alternativas.

Um derrame de petróleo é a descarga não intencional ou intencional de hidrocarbonetos líquidos de petróleo no ambiente; estes derrames ocorrem normalmente em terra, mas também podem ocorrer em massas de água como rios, lagos ou mares. Os efeitos devastadores dos derrames de petróleo podem ser observados nas economias locais, na vida selvagem, nos ecossistemas e na saúde humana. Anum, et al, (2020) referiu que muitos derrames acidentais de petróleo bruto em zonas produtoras de petróleo ameaçaram a natureza e os meios de subsistência das pessoas nas comunidades através de um rendimento fraco. Os principais aspectos dos derrames de petróleo incluem: causas, tipo de petróleo, impacto ambiental, riscos para a saúde humana, consequências económicas, resposta e limpeza, quadro jurídico e regulamentar. Em geral, os derrames de petróleo representam um desafio ambiental complexo e multifacetado que exige esforços coordenados dos governos, indústrias, comunidades e organizações ambientais para prevenir, mitigar e responder a incidentes, bem como para promover práticas e tecnologias sustentáveis que reduzam o risco de futuros derrames. J.G. Speth (2013) articulou um grave dilema prático: "Eu costumava pensar que os principais problemas ambientais globais eram a perda de biodiversidade, o colapso dos ecossistemas e as alterações climáticas. Pensava que trinta anos de boa ciência poderiam resolver estes problemas, mas estava enganado. Os principais problemas ambientais são o egoísmo, a ganância e a apatia e, para os resolver, precisamos de uma transformação cultural e espiritual. E nós, cientistas, não sabemos como o fazer"

Esta dissertação sobre a perceção do impacto dos derrames de petróleo na produção de mandioca na Área Governamental Local de Oguta, uma área de estudo situada no Estado de Imo, na Nigéria, ocupa uma posição estratégica na região do Delta do Níger, conhecida pelas suas abundantes reservas de petróleo e pelas extensas actividades de exploração e produção petrolífera. A proximidade da área a depósitos ricos em petróleo contribuiu para a sua importância socioeconómica, mas também expôs as comunidades locais a riscos e desafios ambientais, incluindo derrames de petróleo. A cultura da mandioca (Manihot esculenta) é uma pedra angular dos meios de subsistência agrícolas em Oguta, proporcionando sustento, rendimento e oportunidades de emprego a milhares de residentes. No entanto, a sustentabilidade da produção de mandioca está ameaçada pelos potenciais impactos dos derrames de petróleo, que podem contaminar o solo, as fontes de água e as culturas, levando a uma redução dos rendimentos, à perda de rendimentos e a efeitos adversos para a saúde. Apesar da importância crítica da produção de mandioca para os meios de subsistência locais, existe uma lacuna notável na compreensão da forma como os derrames de petróleo são percebidos pelas partes interessadas envolvidas no sector agrícola na Área Governamental Local de Oguta do Estado de Imo. Estudos anteriores centraram-se principalmente nos impactos ecológicos e económicos da poluição por petróleo no Delta do Níger, negligenciando as implicações específicas para o cultivo da mandioca e os impactos percebidos pelos agricultores afectados e pelas comunidades locais. Echetama, et al (2020) afirmaram que o efeito do derrame de petróleo nas terras agrícolas prejudicou grandemente as actividades agrícolas no Delta do Níger, incluindo as áreas produtoras de petróleo do Estado de Imo, uma vez que há registos de derrames de petróleo que cobrem áreas agrícolas e massas de água, resultando na perda de fertilidade do solo, na diminuição da produtividade agrícola e na deterioração dos produtos agrícolas.

Um estudo realizado pela agência noticiosa Al Jazeera em junho de 2022 revela que Aibakuro Warder ficou desiludida com o tamanho dos tubérculos de mandioca e inhame que colheu nas suas explorações agrícolas em Ikarama, uma comunidade no estado nigeriano de Bayelsa, no extremo sul do país. A maioria era minúscula e, nalguns locais, não havia produção. "É com isto que temos vindo a lidar desde que começaram os derrames de petróleo", afirmou a mãe de cinco filhos, de 51 anos. "Torna-se difícil para mim alimentar a minha família e dar formação aos meus filhos na escola, porque é a única coisa que faço". Há trinta anos, não havia derrames, recorda Warder. Depois, ia para a quinta com a mãe e a avó. A colheita era sempre abundante, diz ela, por vezes até 20 sacos e outras vezes mais. Os tubérculos de mandioca e de inhame eram enormes e, por vezes, chegavam a ter entre um e três metros de altura, respetivamente, diz ela. E vendiam todos os produtos agrícolas que levavam para o mercado e compravam o que queriam no regresso, acrescentou. Agora tudo isso mudou. Atualmente, Warder é obrigada a aceitar a quantia que os compradores oferecem pelos seus tubérculos no mercado, porque o produto é minúsculo. E as receitas são insuficientes para comprar artigos básicos no mercado para os seus filhos ou para a sua educação. "É melhor nem sequer cultivarmos porque as nossas colheitas morrem depois de plantadas e temos de as replantar repetidamente", disse ela. "Quando escavamos o solo, encontramos petróleo bruto durante a plantação", "Algumas espécies de cocoyam desapareceram". Ela não está sozinha nesta façanha. Dominion Ibatou, de 67 anos, ainda não conseguiu colher nada da sua quinta em Ikarama porque as plantas estão atrofiadas. Washington Odoyibo, outro agricultor da comunidade, esperou durante dois anos que as suas sementes de banana-da-terra produzissem, mas não o fizeram. A região do Delta do Níger, onde vivem mais de 6,5 milhões de pessoas que dependem da pesca e da agricultura, tem produção agrícola durante todo o ano, em virtude de se situar nas zonas vegetativas da floresta tropical e dos mangais da Nigéria. Mas também alberga todas as reservas profundas de petróleo e gás que representam mais de 70% das receitas externas da Nigéria desde a década de 1970.

Em 2015, uma investigação publicada no International Journal of Environmental Sciences por cientistas da Universidade Federal de Tecnologia de Owerri, em Imo - um dos estados da região - mostrou que uma média de 150 derrames tinha sido registada anualmente nos últimos 60 anos. Em 2020 e 2021, a Agência Nacional de Deteção e Resposta a Derrames de Petróleo da Nigéria (NOSDRA) registou um total combinado de 822 derrames de petróleo, resultando em 28 003 barris lançados no ambiente. Em dezembro de 2022, um derrame que durou um mês em Nembe - Bayelsa levou os jovens a protestar no local e nas ruas da capital, Yenagoa. Estes derrames repetidos e o seu efeito nas produções agrícolas conduziram a um declínio da produção alimentar local e a um aumento da pobreza nas comunidades do Delta do Níger. "Isto contribuiu para o aumento do preço dos alimentos", afirmou Nnimmo Bassey, ativista dos direitos ambientais e diretor da Health of Mother Earth Foundation (HOMEF). "A qualidade dos alimentos consumidos também foi afetada". Em Goi, no vizinho Estado de Rivers, os líderes comunitários afirmam que o crude se infiltra na mandioca fermentada quando esta é processada pelas mulheres locais para fazer a refeição básica de garri, tornando-a insegura para consumo. (Ifeanyi Okeke, publicação da Al Jazeera, 2022)

Estudos anteriores efectuados na área governamental local de Oguta, no Estado de Imo, na Nigéria, revelam a ocorrência frequente de derrames de petróleo em várias comunidades, principalmente de agricultores e pescadores. A área governamental local de Ohaji/Egbema, que é um conselho governamental local irmão da área governamental local de Oguta, tem uma população de cerca de 182 538 habitantes, enquanto a área governamental local de

Oguta tem uma população de cerca de 143 008 habitantes (Censo da Comissão Nacional da População da Nigéria, 2006). A natureza peculiar do derrame nestes locais reside na sua ocorrência tanto em terra como na água, causando diversas poluições. O impacto económico do derrame de petróleo nas comunidades da Área Governamental Local de Oguta do Estado de Imo e da Região do Delta do Níger da Nigéria torna-as inseguras para uso comunitário, ao mesmo tempo que os peixes e os animais aquáticos são destruídos e o derrame em terra destrói os terrenos agrícolas e as colheitas.

Ao examinar o impacto percebido do derramamento de petróleo na produção de mandioca na Área do Governo Local de Oguta, este estudo visa preencher uma lacuna crítica de conhecimento, informar a tomada de decisões baseada em evidências e contribuir para o desenvolvimento de estratégias sustentáveis para promover a resiliência agrícola e a gestão ambiental em comunidades afectadas pelo petróleo. Além disso, compreender as percepções das partes interessadas é essencial para promover o diálogo, reforçar o envolvimento da comunidade e criar parcerias entre as agências governamentais, as partes interessadas da indústria e as comunidades locais para enfrentar os complexos desafios socioeconómicos e ambientais colocados pela poluição petrolífera.

1.2 Declaração do problema

Os derrames de petróleo representam um risco ambiental significativo com consequências de grande alcance para os ecossistemas, as economias e a saúde humana em todo o mundo. Compreender a forma como as várias partes interessadas percepcionam os impactos dos derrames de petróleo é crucial para uma gestão eficaz dos riscos, para a proteção do ambiente e para a resiliência das comunidades. No entanto, há falta de investigação exaustiva sobre a perceção global dos derrames de petróleo, o que coloca vários desafios fundamentais: perspectivas de diversas partes interessadas, impactos socioeconómicos e ambientais, preocupações com a saúde e a segurança, comunicação e envolvimento, desafios políticos e de governação. Em resumo, a investigação global sobre a perceção dos derrames de hidrocarbonetos realça a necessidade de uma investigação interdisciplinar que integre as perspectivas de diversas partes interessadas, aborde as preocupações socioeconómicas e ambientais, dê prioridade às considerações de saúde e segurança, melhore as estratégias de comunicação e envolvimento e reforce os quadros políticos e de governação para criar resiliência e promover o desenvolvimento sustentável nas regiões afectadas pelo petróleo em todo o mundo.

A área governamental local de Oguta, situada no Estado de Imo, na Nigéria, é uma região fortemente afetada pelas actividades de exploração e produção de petróleo no Delta do Níger. A dependência da zona em relação à agricultura, em particular à produção de mandioca, torna-a vulnerável aos efeitos adversos dos derrames de petróleo, mas há poucos conhecimentos sobre a forma como estes derrames são percepcionados pelas partes interessadas envolvidas no cultivo da mandioca. A falta de investigação sobre a perceção dos derrames de petróleo na produção de mandioca em Oguta apresenta vários problemas fundamentais: Conhecimento limitado da perceção das partes interessadas. Há falta de investigação exaustiva sobre a forma como os produtores de mandioca, os trabalhadores agrícolas e outras partes interessadas em Oguta percepcionam os riscos e os impactos dos derrames de petróleo na cultura da mandioca. Compreender as percepções das partes interessadas é crucial para o desenvolvimento de estratégias e políticas de atenuação eficazes para enfrentar as consequências socioeconómicas da poluição por petróleo na produção de mandioca. As implicações socioeconómicas Os derrames de petróleo têm o potencial de perturbar a produção de mandioca e afetar negativamente os meios de subsistência dos agricultores e das comunidades em Oguta. No entanto, as implicações socioeconómicas específicas dos derrames de petróleo na produção de mandioca, como a perda de rendimentos, a insegurança alimentar e os riscos para a saúde, continuam a ser mal conhecidas. A identificação destas implicações é essencial para dar prioridade a intervenções e mecanismos de apoio para mitigar os impactos dos derrames de petróleo nos meios de subsistência agrícolas. As preocupações ambientais dos derrames de petróleo contaminam o solo, as fontes de água e as culturas, colocando em risco a saúde do ecossistema, a segurança alimentar e a sustentabilidade ambiental. No entanto, a extensão e a gravidade da contaminação ambiental resultante dos derrames de petróleo nas zonas produtoras de mandioca de Oguta não foram adequadamente avaliadas. A compreensão das preocupações ambientais associadas aos derrames de petróleo é fundamental para a aplicação de medidas de proteção dos ecossistemas agrícolas e para garantir a segurança alimentar. O conceito de política e os desafios de governação relativos à ausência de dados sobre as percepções das partes interessadas quanto ao impacto dos derrames de petróleo na produção de mandioca em Oguta dificultam o desenvolvimento e a aplicação de políticas, regulamentos e mecanismos de governação eficazes para combater a poluição por petróleo e salvaguardar os meios de subsistência agrícolas. É necessário colmatar o fosso entre o conhecimento científico, as perspectivas da comunidade e a formulação de políticas para aumentar a resistência e promover o desenvolvimento sustentável nas zonas agrícolas afectadas pelo petróleo. Em suma, o problema da perceção do impacto do derrame de petróleo na produção de mandioca na zona governamental local de Oguta, no Estado de Imo, sublinha a importância da realização de investigação para compreender as perspectivas das partes interessadas, avaliar os impactos socioeconómicos e ambientais e informar a tomada de decisões e as intervenções políticas baseadas em dados concretos, com vista a atenuar os efeitos da poluição por petróleo nos meios de subsistência agrícolas e a promover a resiliência das comunidades afectadas. O problema mais recente de poluição por petróleo bruto nas terras agrícolas de mandioca é atualmente o das refinarias de petróleo ilegais (Kpo Fire sites) que assolam a área de estudo e que danificam o solo e as culturas dos agricultores. A poluição do solo é uma questão global que todas as nações que se preocupam seriamente com a produção agrícola para a segurança alimentar não podem ignorar, em grande parte devido à importância do papel do solo para fins agrícolas.

Apesar da importância da produção de mandioca e da ameaça potencial que os derrames de petróleo representam para os sistemas agrícolas, há falta de investigação exaustiva que examine a forma como os derrames de petróleo afectam a cultura da mandioca e as percepções das partes interessadas envolvidas neste sector. Esta lacuna no conhecimento dificulta os esforços para desenvolver estratégias e políticas de atenuação eficazes para fazer face às consequências socioeconómicas dos derrames de petróleo nas regiões produtoras de mandioca.

1.3 Finalidade e objectivos do presente estudo

1. Examinar o impacto ambiental percebido pelos agricultores, pelas partes interessadas e pelas comunidades locais sobre o derrame de petróleo que afecta as terras agrícolas de mandioca na área da administração local de Oguta.
2. Avaliar a perceção das perdas económicas decorrentes da cultura e produção de mandioca em resultado da incidência de derrames de petróleo na Área Governamental Local de Oguta.
3. Examinar a perceção da segurança e das implicações para a saúde do consumo de produtos de mandioca provenientes de explorações de mandioca afectadas por derrames de petróleo, por parte dos agricultores e das comunidades locais da área governamental local de Oguta.

4. Investigar a perceção dos produtores de mandioca e das comunidades locais sobre a sua vida social e as suas práticas culturais na sequência de incidentes de derrame de petróleo na Área Governamental Local de Oguta.
5. Avaliar a perceção da saúde mental ou psicológica dos agricultores, das partes interessadas e das comunidades locais devido a incidências de derrames de petróleo na Área Governamental Local de Oguta.

1.4 Questões de investigação:

1. Que opiniões têm os agricultores, as comunidades locais e outras partes interessadas sobre os impactos ambientais que os incidentes de derrame de petróleo têm na produção de mandioca na Área Governamental Local de Oguta?
2. Como é que os produtores de mandioca e as partes interessadas percepcionam as perdas económicas resultantes dos incidentes de derrame de petróleo na área da administração local de Oguta?
3. Quais são as implicações para a segurança e a saúde do consumo de produtos de mandioca provenientes de explorações agrícolas afectadas por derrames de petróleo entre os agricultores e as comunidades locais da área governamental local de Oguta?
4. Como é que os produtores de mandioca e as comunidades locais percepcionam as perturbações sociais e culturais resultantes dos incidentes de derrame de petróleo na Área Governamental Local de Oguta?
5. Os produtores de mandioca e as comunidades locais sofrem de problemas de saúde mental ou psicológica em consequência das ocorrências de derrames de petróleo na área da administração local de Oguta?

1.5 Hipóteses

Ho_1 : Não existe uma relação significativa entre as percepções das comunidades locais, dos agricultores e das partes interessadas relativamente ao impacto ambiental dos incidentes de derrame de petróleo associados à produção de mandioca na área da administração local de Oguta.

Ho_2 : Não existe uma relação significativa entre as perdas económicas dos produtores de mandioca e das partes interessadas resultantes de incidentes de derrame de petróleo na área da administração local de Oguta.

Ho_3 : Não existe uma relação significativa entre a perceção da segurança e as implicações para a saúde do consumo de produtos de mandioca provenientes de explorações afectadas por derrames de petróleo entre os agricultores e as comunidades locais da área governamental local de Oguta.

Ho_4 : Não existe uma relação significativa entre as percepções dos produtores de mandioca e das comunidades locais relativamente às perturbações sociais e culturais resultantes de incidentes de derrame de petróleo na área da administração local de Oguta.

Ho_5 : Não existe uma relação significativa entre a perceção dos produtores de mandioca e das comunidades locais sobre a saúde psicológica em consequência da ocorrência de derrames de petróleo na área da administração local de Oguta.

1.6 Importância do estudo

Esta dissertação procura contribuir para uma compreensão mais aprofundada dos impactos socioeconómicos dos derrames de petróleo na produção de mandioca e das percepções das partes interessadas nas comunidades afectadas. Será importante salvaguardar a cultura da mandioca das consequências negativas da poluição por hidrocarbonetos, uma vez que as conclusões servirão para educar os decisores políticos, as organizações ambientais e as partes interessadas do sector agrícola. Em última análise, este estudo procura facilitar o desenvolvimento de intervenções e políticas específicas para salvaguardar a produção de mandioca e aumentar a resistência das comunidades agrícolas em regiões propensas a derrames de petróleo.

Uma série de áreas importantes, a seguir enumeradas, realçam a importância da investigação sobre a forma como os derrames de petróleo afectam a produção de mandioca;

1.6.1 Avaliação do impacto socioeconómico:

A compreensão dos impactos percebidos dos derrames de petróleo na produção de mandioca fornece informações valiosas sobre as consequências socioeconómicas para as comunidades que dependem desta cultura. Ao avaliar a forma como as partes interessadas percepcionam o impacto dos derrames de petróleo, os decisores políticos e os investigadores podem compreender melhor as implicações mais vastas para a segurança alimentar, os meios de subsistência e a estabilidade económica.

1.6.2 Comunicação e gestão dos riscos:

A perceção do impacto dos derrames de petróleo desempenha um papel crucial na comunicação e gestão dos riscos. Ao estudar a forma como os indivíduos e as comunidades percepcionam a ameaça que os derrames de petróleo representam para a produção de mandioca, as autoridades podem adaptar estratégias de comunicação para transmitir eficazmente os riscos e promover medidas de atenuação adequadas. A resolução de equívocos e o aumento da sensibilização podem capacitar as comunidades a tomar medidas proactivas para proteger os seus bens agrícolas.

1.6.3 Formação e implementação de políticas:

Os resultados dos estudos sobre a perceção do impacto do derrame de petróleo na produção de mandioca podem informar o desenvolvimento e a aplicação de políticas destinadas a atenuar os impactos das catástrofes ambientais. Os responsáveis políticos podem utilizar os conhecimentos sobre as percepções das partes interessadas para conceber intervenções específicas, afetar recursos de forma eficaz e responder às necessidades específicas dos produtores de mandioca e das comunidades afectadas pela poluição petrolífera.

1.6.4 Estratégias comunitárias de resiliência e adaptação:

Compreender a forma como os produtores de mandioca percepcionam o impacto dos derrames de petróleo pode lançar luz sobre as suas estratégias de resiliência e adaptação. Ao identificar os mecanismos de adaptação utilizados pelos agricultores para atenuar os efeitos da poluição por petróleo, os decisores políticos e os profissionais do desenvolvimento podem apoiar a adoção de práticas sustentáveis, a transferência de tecnologia e as iniciativas de reforço das capacidades que aumentam a resistência da comunidade face aos desafios ambientais.

1.6.5 Justiça e equidade ambiental:

A perceção do impacto do derrame de petróleo na produção de mandioca pode variar entre diferentes grupos demográficos e regiões geográficas, pondo em evidência questões de justiça ambiental e equidade. O estudo destas percepções pode ajudar a identificar as populações vulneráveis desproporcionadamente afectadas pela poluição por hidrocarbonetos e a defender um acesso equitativo aos recursos, ao apoio e aos processos de tomada de decisões.

1.6.6 Lacunas de investigação e de conhecimento:

Para melhor compreender as relações entre os riscos ambientais e os sistemas agrícolas, a investigação sobre a perceção dos efeitos dos derrames de petróleo na produção de mandioca vem colmatar uma importante lacuna de conhecimentos. Ao examinar as perspectivas das partes interessadas, os investigadores podem identificar lacunas no conhecimento, áreas para investigação adicional e oportunidades de colaboração interdisciplinar para enfrentar desafios socioambientais complexos.

Em suma, o estudo do impacto percebido do derrame de petróleo na produção de mandioca é importante para informar as estratégias de gestão de riscos, o desenvolvimento de políticas, os esforços de reforço da resiliência da comunidade e para fazer avançar a nossa compreensão da dinâmica socioeconómica que molda a vulnerabilidade e a adaptação nos sistemas agrícolas afectados por catástrofes ambientais.

1.7 Âmbito do estudo

Tendo em conta o enorme investimento do governo nigeriano na agricultura para garantir a diversificação económica e a segurança alimentar, um estudo desta natureza deveria ter abrangido todo o país; no entanto, devido ao tempo limitado, às restrições financeiras e a outras questões logísticas, o âmbito geográfico do estudo limitou-se à Área do Governo Local de Oguta do Estado de Imo. O âmbito do conteúdo abrange as terras agrícolas de mandioca em termos de produção como variável dependente do estudo. Do mesmo modo, a degradação do solo causada por derrames de petróleo será considerada uma variável independente e examinada para determinar em que medida afecta a produção de mandioca na área governamental local de Oguta, no Estado de Imo. Na medida do possível, estas variáveis foram objeto de pouca ou nenhuma atenção por parte de investigadores anteriores, nomeadamente no que se refere à produção de mandioca em diferentes terrenos agrícolas da área de estudo. Por esta razão, foram escolhidas para investigação.

1.8 A área de estudo

1.8.1 Localização e extensão

A Área de Governo Local de Oguta está situada no Estado de Imo, no sudeste da Nigéria. Está rodeada por várias áreas governamentais locais, incluindo Ohaji/Egbema a oeste, Oru East a norte e Ngor Okpala a leste. Situa-se no Delta do Níger, na Nigéria. O rio Imo, que divide a Área da Administração Local de Oguta do estado vizinho de Rivers, faz fronteira com a área a sul. A Área de Governo Local de Oguta tem cerca de 5.100 quilómetros quadrados de área total (Uzoho et al., 1974). Devido à sua proximidade com o rio Imo e o lago Oguta, a paisagem é caracterizada por uma combinação de planícies, zonas ribeirinhas e zonas húmidas. A região é conhecida pela diversidade da vida selvagem, incluindo espécies vegetais e animais. A latitude e longitude da Área de Governo Local de Oguta no Estado de Imo, Nigéria, são aproximadamente: latitude: 5,7083° N e longitude: 6,8144° E.

1.8.2 Alívio e drenagem

O relevo da Área de Governo Local de Oguta é constituído por uma combinação de zonas húmidas, regiões ribeirinhas e planícies. Esta parte do Delta do Níger, que se caracteriza por um terreno plano e de baixa altitude, é a área em consideração. No entanto, pode haver algumas variações de elevação na área do governo local. Duas massas de água importantes, o lago de Oguta e o rio Imo, têm um grande impacto no sistema de drenagem da área da administração local de Oguta. O rio Imo atravessa a parte sul da Área da Administração Local de Oguta, servindo como um importante canal de drenagem. Em última análise, desagua no Oceano Atlântico. Especialmente durante a estação das chuvas, o rio e os seus afluentes são essenciais para retirar o excesso de água das comunidades circundantes. Localizado na região norte da Área de Governo Local de Oguta, o Lago Oguta, comummente designado por "Lago Azul de Oguta", é um dos maiores lagos naturais da Nigéria. É um lago de água doce e serve como fonte vital de água para irrigação, pesca e uso doméstico para as comunidades à volta das suas margens. O lago e as zonas húmidas que lhe estão associadas contribuem para o padrão geral de drenagem da área. Além disso, podem existir pequenos riachos, ribeiros e pântanos espalhados pela área da administração local, contribuindo ainda mais para a sua rede de drenagem. A localização da Área da Administração Local de Oguta na região do Delta do Níger e a existência de massas de água significativas, como o Lago Oguta e o Rio Imo, têm um impacto significativo nas qualidades de drenagem e relevo da área.

Está situada entre as latitudes 5040129.418N e 5041039.97N e as longitudes 6044132.06E e 6050102.05E, com um perímetro de 36.62692km. A área de investigação está situada na província hidrológica das planícies sedimentares costeiras do sul da Nigéria, que tem duas estações diferentes: a húmida e a seca. A maioria dos quatro rios que desaguam no lago Oguta são o Njaba, o Awbana, o Utu e o Orashi. Enquanto a corrente perene de Utu desagua no Lago Oguta durante a estação das chuvas, os rios Njaba e Awbana descarregam no lago durante todo o ano. No sudoeste do lago, passa o rio Orashi. Calculou-se que o afluxo total anual dos rios e riachos seria de aproximadamente 25.801,60 m3. A recarga anual prevista do lago a partir da precipitação é de aproximadamente 693.000 m3, enquanto que o retorno anual e o escoamento superficial para o lago são de cerca de 69.000 e 138.000 m3, respetivamente. O influxo anual projetado de águas subterrâneas para o lago é de 2 750 400 metros. Por conseguinte, o total anual de entrada de água excede substancialmente o total anual de saída. De acordo com estes valores, o lago Oguta recebe recarga suficiente ao longo do ano (Paulinus, U.U. et al., 2016).

Ofomata (1975) classifica a superfície terrestre do sudeste da Nigéria em três, nomeadamente: as **planícies e terras baixas (incluindo os vales dos rios), as paisagens de cuesta** e **as terras altas**. De acordo com Ofomata, a **planície** é a caraterística predominante na região, resultante da alternância de actividades gradacionais e denotacionais. A **paisagem de cuesta** é constituída pela cuesta de Nsukka-Okigwe e pelas terras altas de Akwa-Orlu. Os planaltos de Akwa-Orlu são palco de erosão intensiva de ravinas, enquanto a cuesta de Nsukka-Okigwe resulta da resistência diferencial à erosão dos diferentes componentes rochosos da área. As **terras altas** são a extensão ocidental da cordilheira dos Camarões, que é constituída por uma série de rochas cristalinas e vulcânicas recentes.

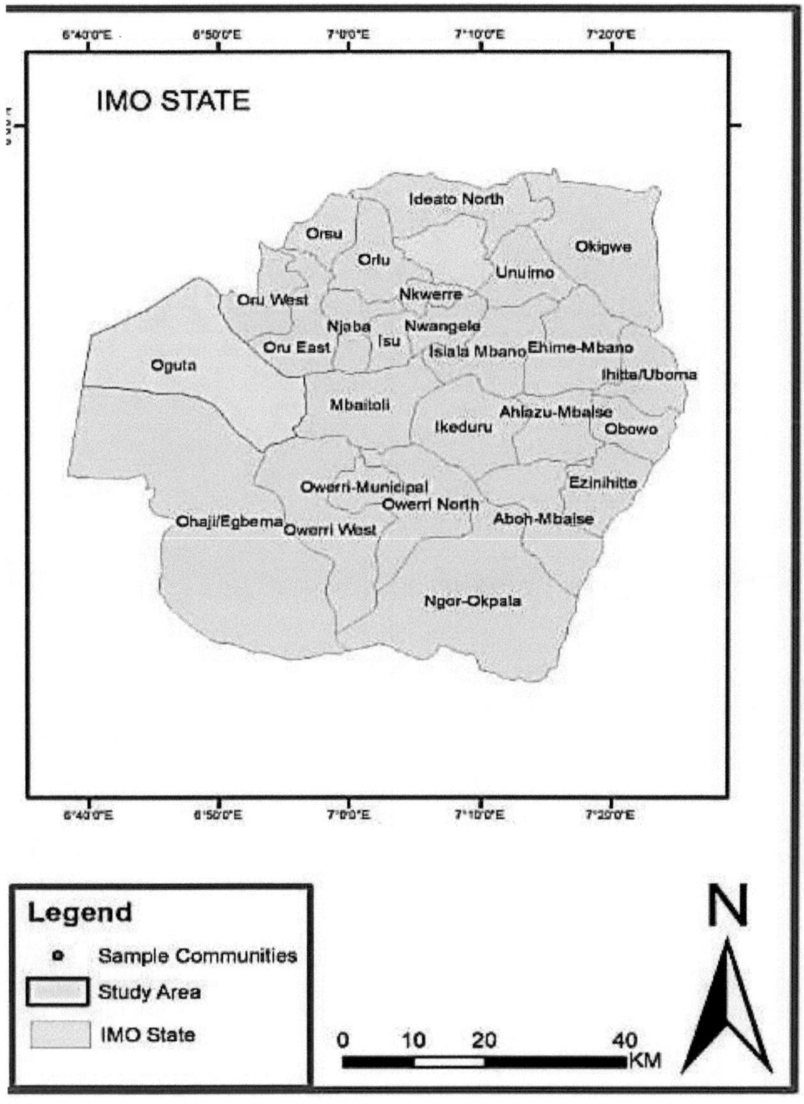

Figura 1:1 ESTADO DA OMI MOSTRADO O GOVERNO LOCAL DE OGUTA

FONTE: LABORATÓRIO GIS. DEPARTAMENTO DE GEOGRAFIA IAUE

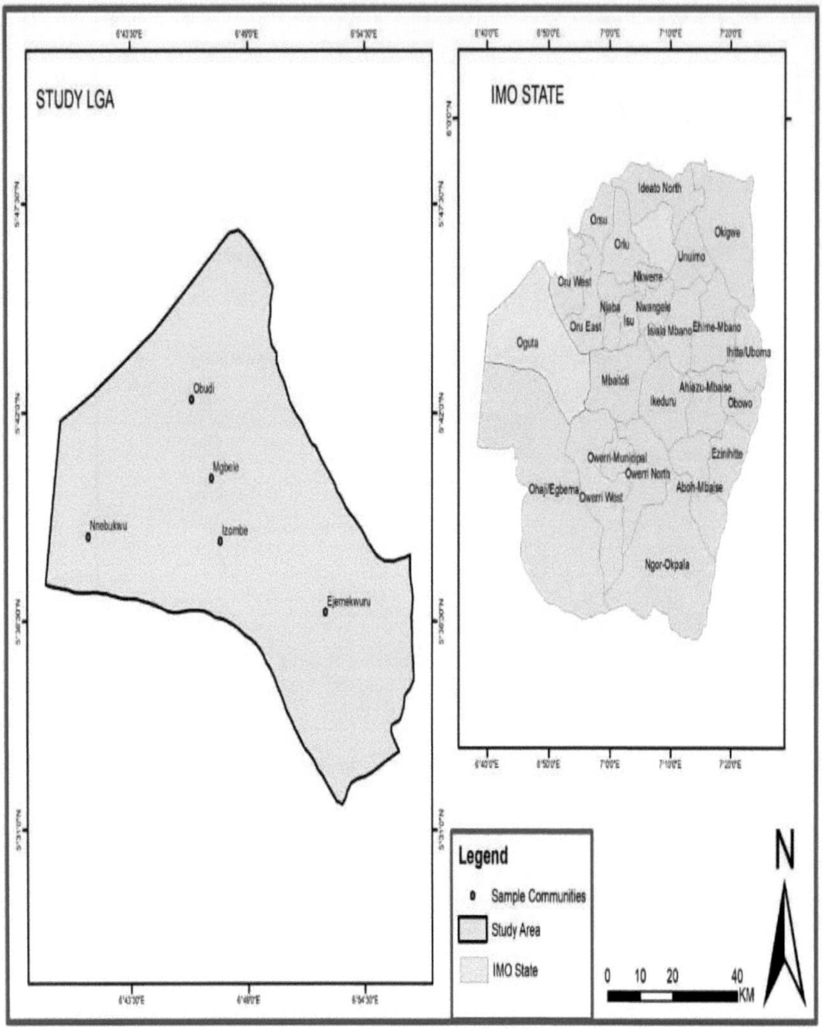

Figura: 1.2 ESTADO DE MIMO MOSTRANDO O GOVERNO LOCAL DE OGUTA COM AS COMUNIDADES DE AMOSTRA (ÁREA DE ESTUDO)

FONTE: LABORATÓRIO GIS. DEPARTAMENTO DE GEOGRAFIA IAUE

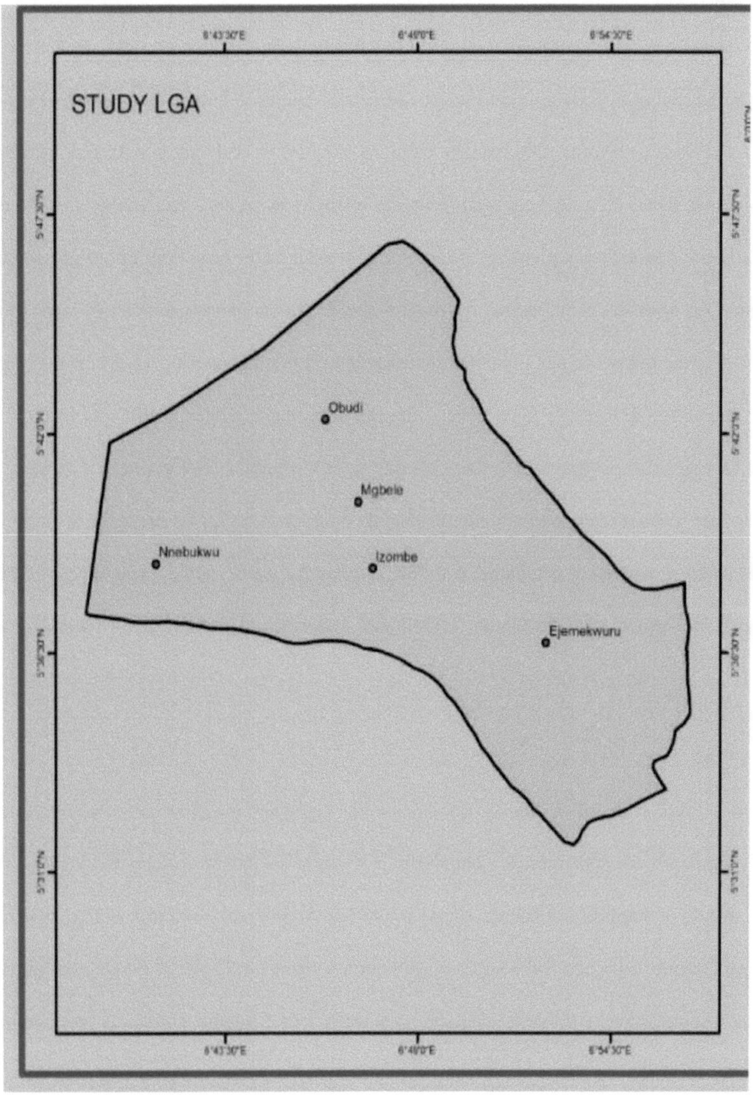

Figura: 1.3: ÁREA DO GOVERNO LOCAL DE OGUTA DO ESTADO DE IMO MOSTRANDO AS COMUNIDADES AMOSTRADAS SENDO A ÁREA DE ESTUDO

FONTE: LABORATÓRIO GIS. DEPARTAMENTO DE GEOGRAFIA IAUE

1.8.3 Vegetação

Existem quatro tipos de vegetação no sudeste da Nigéria: zonas de planalto, de praia, de água doce e de água salgada. Existem também três zonas de vegetação hidrófila. A floresta tropical húmida, que inclui árvores imponentes como o mogno, o iroko e a palmeira de óleo, predomina nas terras altas. A vegetação primária encontrada na zona das cristas das praias é constituída por mangais nas planícies de maré e nos vales entre elas, bem como por árvores de pântano de água doce, palmeiras e arbustos nas cristas arenosas. A zona de água doce encontra-se principalmente nas planícies de inundação do delta superior e inferior do Níger, onde se encontram árvores de água doce - que são variantes edáficas da floresta tropical. A planície de maré dos pântanos com mangais de raízes vermelhas (Flihirophora vacemosa) e outra vegetação constituem a zona de água salgada e outras espécies de mangais. As culturas arvenses como a mandioca, o inhame, o milho, o inhame-cacau e outras crescem muito bem na Área do Governo Local de Oguta, semelhante à floresta tropical (Fidelis Okorie et al., 2020).

1.8.4 Clima

A Área de Governo Local de Oguta, no sudeste da Nigéria, é maioritariamente coberta por florestas tropicais ou pela monção equatorial. O clima do país é influenciado pela brisa sazonal quente e húmida conhecida como massa de ar tropical marítima (MT), que tem origem no Oceano Atlântico Sul e sopra do mar para a terra. Em Oguta, a estação das chuvas é quente, desconfortável e nublada, enquanto a estação seca é quente, abafada e parcialmente nublada. As variações de temperatura ocorrem durante todo o ano, com uma média de 68 a 88 graus F. Ao longo do ano, há uma diferença sazonal considerável na percentagem média de nuvens no céu devido às variações de temperatura que causam as estações quentes e frias. O mês mais claro é dezembro, quando o céu está limpo, quase limpo ou parcialmente nublado em média 44% do tempo. Em Oguta, a parte mais clara do ano começa por volta de 20 de novembro e dura aproximadamente 2,7 meses, até cerca de 12 de fevereiro. O período mais nublado ocorre em abril, quando o céu está nublado ou principalmente nublado durante 85% do tempo, em média. O período mais nublado começa por volta de 12 de fevereiro e dura cerca de 9,3 meses, terminando a 20 de novembro.

A precipitação varia muito ao longo do ano, sendo um dia húmido definido como um dia com pelo menos 0,04 polegadas de precipitação líquida ou equivalente líquida. Consequentemente, há uma estação húmida de cerca de 7,2 meses e uma estação seca de 4,8 meses. A chuva é abundante. Devido à proximidade da zona com a faixa equatorial, estas tempestades são tipicamente de forma tradicional. A precipitação anual total diminui regularmente à medida que se avança para o interior da costa. De acordo com Ahiarakwem, C.A. et al. (2022), o total anual varia entre 11,2 polegadas em setembro e cerca de 0,3 polegadas em janeiro.

1.8.5 Solo e Geologia

Na Formação Benin, a Área do Governo Local de Oguta é constituída por areias continentais com lentes de argila ou xisto, bem como algumas unidades isoladas de arenito, conglomerado e cascalho. A Formação Agbada, que é composta por unidades de areia e ardósia, é coberta por uma formação de idade Pliocénica a Miocénica. A região de investigação faz parte da província hidrológica das planícies sedimentares costeiras do sul da Nigéria. Existem duas estações primárias no clima: a húmida e a seca. A estação húmida, que dura de abril a outubro e está tipicamente ligada aos ventos alísios marítimos de sudoeste carregados de humidade provenientes do Oceano Atlântico, provoca uma precipitação anual de cerca de 2152 mm. Existem duas formações terrestres principais na área: cumes suavemente inclinados e topografia praticamente plana. A temperatura na zona varia entre 23 e 26 graus. A parte sul da área de estudo é constituída por cristas suavemente onduladas de areias da planície costeira da Formação Benin, principalmente nos distritos de Ogbaku, Awomama, Mgbidi, Izombe e Nkwesi e nas suas imediações. As cristas têm uma tendência norte-sul, com uma elevação média de cerca de 122 metros.

Existem depósitos aluviais de planície deltaica noutros locais em torno de Orsu-Obodo, principalmente ao longo das margens dos rios Orashi e Njaba, e em direção à cidade de Oguta e seus arredores imediatos. Estes depósitos são bastante recentes. A geologia subjacente do Delta do Níger é constituída pelas formações Akata, Agbada e Benin, três unidades lito-estratigráficas que estão estratificadas com diferentes tipos de depósitos quaternários. Os depósitos quaternários, que têm normalmente 40-150 metros de espessura, são constituídos por estratos arenosos e silto-argilosos que se alternam rapidamente, sendo estes últimos mais visíveis em direção ao mar. O Delta do Níger é composto por três unidades litoestratigráficas generalizadas (da mais antiga para a mais jovem): as formações Agbada, as formações Benin de topo, as areias do plano costeiro e os depósitos aluviais dos sedimentos quaternários (Udoka Ubong Paulinus et al., 2016).

1.8.6 Socioeconómico

A Área de Governo Local de Oguta está situada no Estado de Imo, no sudeste da Nigéria. A Área de Governo Local de Oguta é rica em reservas de gás natural e petróleo bruto e campos que fazem de Oguta um território e uma área geográfica importantes, acolhendo muitas empresas petrolíferas multinacionais como a AGIP, a SPDC e a Chevron, contribuindo assim maciçamente para a economia da Área de Governo Local. O turismo é outra fonte importante de geração de receitas para Oguta, com o famoso lago de Oguta e outras atracções turísticas na zona a atraírem um afluxo de actividades turísticas e de pessoas que procuram diversão na zona. Isto para além das actividades agrícolas, nomeadamente a agricultura, a pesca e o comércio, que também constituem um impulso económico para a Área da Administração Local (Manpower Nigeria, 2022).

CAPÍTULO DOIS
REVISÃO DA LITERATURA

2.1 Revisão concetual

2.1.1 Impacto percebido do derrame de petróleo

A capacidade de compreender e interpretar os efeitos ambientais, sociais, políticos e económicos dos derrames de hidrocarbonetos é conhecida como a perceção do impacto dos derrames de hidrocarbonetos. Esta informação é relevante para os indivíduos, comunidades e sociedades. A devastação que os derrames de petróleo podem causar à vida selvagem, às economias locais, à saúde humana e aos ecossistemas marinhos constitui um tipo específico de poluição. A perceção do impacto de um derrame de hidrocarbonetos é influenciada por vários factores, como a escala do derrame, a localização do derrame, os esforços de resposta empreendidos, a cobertura mediática, as campanhas de sensibilização do público e o envolvimento das partes interessadas. A perceção do impacto de um derrame de hidrocarbonetos pode variar muito entre diferentes grupos de pessoas. Por exemplo, os activistas ambientais podem encarar um derrame de petróleo como um acontecimento catastrófico que põe em evidência os perigos da extração e transporte de combustíveis fósseis. Por outro lado, os representantes da indústria podem minimizar os impactos dos derrames de petróleo e sublinhar o seu empenho na limpeza da área afetada e na prevenção de futuros derrames. As comunidades locais diretamente afectadas pelo derrame de petróleo podem experimentar sentimentos de raiva, tristeza, medo e frustração ao testemunharem a destruição do seu ambiente natural e dos seus meios de subsistência.

A perceção pública do impacto de um derrame de petróleo pode também influenciar as decisões políticas e os quadros regulamentares relacionados com a exploração, perfuração, transporte e resposta a derrames de petróleo. As percepções negativas dos derrames de petróleo podem levar a uma maior pressão pública sobre os governos e as empresas para que adoptem normas ambientais mais rigorosas, invistam em alternativas de energia limpa e responsabilizem os poluidores pelos seus actos. I Helle (2020), "Oil spills resulting from maritime accidents pose a poorly understood risk to the Arctic environment". A perceção do impacto do derrame de petróleo é uma questão complexa e multifacetada que envolve considerações científicas, sociais, políticas, económicas e éticas. Compreender a forma como as diferentes partes interessadas percepcionam e respondem aos derrames de hidrocarbonetos é essencial para desenvolver estratégias eficazes de prevenção de futuros derrames e atenuar os seus impactos nos ecossistemas e nas comunidades.

2.1.2 Produção de mandioca

2.1.2.1 Impacto económico nas comunidades, nos agricultores e no derrame de petróleo

A atual crise financeira fez com que o risco de reputação e a reputação das empresas se tornassem temas importantes nos estudos empresariais dos últimos anos. Assim, em termos de competitividade, a reputação empresarial e a responsabilidade social das empresas, ou RSE, estão a tornar-se cada vez mais importantes. Em geral, a responsabilidade social das empresas (RSE) refere-se ao empenho de uma empresa em reduzir ou eliminar quaisquer consequências negativas que as suas operações possam ter, optimizando simultaneamente o seu impacto positivo a longo prazo na sociedade. No entanto, uma definição mais exacta continua a ser difícil e necessita de mais investigação, de acordo com vários especialistas. Melo e Garrido-Morgado afirmam que a responsabilidade social das empresas (RSE) é um fator-chave que valoriza a marca de uma empresa e que, se estiver totalmente enraizada nela, a ajuda a criar uma vantagem competitiva. A reputação é a soma das opiniões dos observadores sobre uma empresa ao longo do tempo, com base em avaliações dos efeitos financeiros, sociais e ambientais a que a empresa esteve associada. O risco de reputação ocorre quando a imprensa desfavorável, verdadeira ou não, provocada por acontecimentos comerciais específicos, prejudica a marca de uma empresa e resulta em perdas financeiras para a mesma. Estes factores afectam normalmente as operações internas da empresa, nomeadamente a qualidade e a segurança dos seus bens e serviços. A reputação é um conceito muito amplo que varia consoante a disciplina que efectua a análise. Por exemplo, enquanto a reputação é definida como o resultado de um conjunto de percepções partilhadas e socialmente construídas na sociologia, é vista como um recurso na gestão estratégica. Segundo Fombrun (2005), a reputação pode também ser considerada como um ativo estratégico que gera os seguintes benefícios concretos: preços mais elevados dos produtos, redução dos custos de mão de obra e de capital, aumento da lealdade dos empregados, maior latitude na tomada de decisões e um amortecedor de boa vontade em tempos difíceis. Por conseguinte, a reputação é considerada um ativo intangível com capacidade para gerar valor.

A reputação é algo que não pode ser comprado, exige esforço para ser desenvolvida e pode ser facilmente arruinada, como referem Scott e Walsham (2005). Além disso, a reputação empresarial depende do contexto, o que significa que várias organizações terão traços de reputação distintos com base nas especificidades das suas circunstâncias. Por conseguinte, a reputação é uma caraterística organizacional difícil, embora seja uma ideia intuitivamente apelativa. Este facto tem implicações na forma como a reputação pode ser formalmente investigada. De acordo com Scott et al. (2005), existe um risco para a reputação de uma organização em todos os contactos com os seus stakeholders, e este risco pode provir de uma variedade de fontes, incluindo questões financeiras, operacionais, estratégicas e regulamentares. A abordagem das partes interessadas oferece um ponto de vista sobre a responsabilidade social das empresas. Afirma que uma empresa é composta por diferentes partes interessadas que têm, ou reivindicam, propriedade, direitos e interesses numa empresa e nas suas actividades, mas que também têm expectativas diferentes em relação à empresa.

Por conseguinte, é pertinente notar que o risco é também um produto social e institucional com várias caraterísticas relacionadas com a perceção e a comunicação, de acordo com estudos sobre risco e cultura. Para que a empresa seja bem sucedida, é fundamental que responda às expectativas dos seus stakeholders. Um dos factores mais importantes que influenciam o desempenho de uma empresa, tanto no presente como no futuro, é a forma como as suas acções afectam as partes interessadas, o ambiente e a sociedade em geral.

Do ponto de vista financeiro, as perdas operacionais do sector bancário têm frequentemente repercussões na sua reputação, que se reflectem nos mercados bolsistas. O Comité de Supervisão Bancária de Basileia (doravante, o Comité) define o risco operacional como o risco de perdas resultantes de eventos externos ou de processos internos, pessoas e sistemas insuficientes ou falhados. No entanto, esta definição não inclui o risco de reputação ou o risco estratégico. O risco reputacional, tal como definido pelo Comité, é o risco resultante de percepções desfavoráveis por parte de clientes, contrapartes, acionistas, investidores, detentores de dívida, analistas de mercado e outras partes relevantes ou reguladores, que podem ter um impacto negativo na capacidade de um banco para forjar novas relações comerciais ou manter as existentes e manter o acesso a fontes de financiamento. Além disso, o comité afirma que o risco de reputação é multifacetado e reflecte as percepções dos intervenientes no mercado. É notável o facto de as instituições financeiras não serem obrigadas a manter requisitos de capital para fazer face ao risco de reputação, apesar de o Acordo de Basileia II exigir que meçam o risco operacional e estimem os custos de capital para a sua cobertura adequada. O risco de reputação tem sido associado a perdas operacionais numa série de estudos empíricos recentes que foram publicados. No seu estudo de 2005, Perry e de Fontnouvelle examinaram os efeitos das declarações públicas de perdas operacionais no sector bancário. Descobriram que tais eventos afectavam significativa e negativamente os preços, em especial quando a perda operacional resultava de irregularidades internas. Se a fraude interna ocorrer num país onde os direitos dos acionistas são altamente protegidos, é provável que se verifique uma perda de valor de mercado até seis vezes superior à perda real. Cummins et al. (2007) efectuaram um estudo de eventos para avaliar o efeito no mercado bolsista da declaração de perdas operacionais por parte de bancos e companhias de seguros dos EUA. Os resultados desta análise de investigação de eventos mostraram que os incidentes operacionais tiveram um grande impacto negativo no valor das acções, tanto das seguradoras como dos bancos. A reputação da empresa foi afetada negativamente, como evidenciado pelas perdas incorridas em termos de valor de mercado, que excederam as perdas operacionais. Gillet et al. (2012) analisaram uma amostra de empresas financeiras americanas e europeias para testar o impacto negativo das perdas operacionais. Uma vez que o declínio do valor de mercado é mais significativo do que as perdas operacionais declaradas - especialmente no caso de fraude interna -, o dano à reputação é evidente. A fim de examinar a forma como o mercado reage aos relatórios de perdas operacionais, Sturm (2008) também se concentrou nas empresas financeiras europeias. O dano à reputação da empresa foi verificado, especialmente para empresas com um elevado rácio passivo/ativo, por oposição àquelas com níveis de capital próprio mais elevados. Curiosamente, Ruspantini e Sordi (2016) avaliaram os efeitos no risco reputacional da empresa sob a perspetiva do consumidor de incidentes de fraude interna ocorridos em pontos de venda italianos do Grupo Unicredit. Para além de estimarem o impacto reputacional das perdas operacionais anunciadas para uma amostra considerável de bancos americanos e europeus, Fiordelisi et al. (2013) analisaram os principais factores relacionados com eventos operacionais que afectam o risco reputacional no sector bancário.

A maior parte da literatura atualmente publicada sobre empresas não financeiras concentra-se nas reacções do mercado bolsista a fraudes internas ou a acontecimentos catastróficos isolados; o risco de reputação tem recebido menos atenção. A catástrofe de Three Mile Island

(TMI), em 1979, provocou reacções negativas estatisticamente substanciais nos preços das acções de empresas de serviços públicos dependentes da energia nuclear, de acordo com a análise de Bowen et al. (2022) dos preços das acções de empresas de serviços públicos de eletricidade. Na sua análise da reação do mercado de acções dos EUA à tragédia nuclear de Chernobyl em 1986, Kalra et al. (1993) observaram que tanto as empresas de serviços públicos nucleares como as não nucleares registaram reacções negativas dos preços à explosão. Blacconiere e Patten (1994) chamaram a atenção para a fuga de produtos químicos perigosos da Union Carbide em Bhopal, em 1984. A tragédia de Bhopal deu origem a reacções negativas do mercado intra-setorial e a propostas legislativas para reforçar a regulamentação da indústria química. Em 1989, Hamilton descobriu que as empresas que divulgavam as emissões ao abrigo do primeiro Inventário das Emissões Tóxicas (TRI) tinham rendibilidades aberrantes, estatisticamente significativas e negativas. M. White (1996) analisou as reacções dos investidores ao derrame de petróleo do Exxon Valdez em 1989, que resultou em grandes rendibilidades anormais negativas cumulativas e duradouras para a empresa. Magness (2008) analisou o comportamento dos preços das acções após o desastre ambiental ocorrido em 1996 numa mina da Placer Dome nas Filipinas, mostrando como este tipo de incidentes pode repercutir-se nos mercados de capitais. Capelle-Blancard e Laguna (2010) concentraram-se na forma como o mercado de acções reagiu a explosões na indústria petroquímica e a outras tragédias industriais. A análise demonstrou que o mercado de acções responde imediata e negativamente a estes percalços. Heflin e Wallace (2017) analisaram a forma como o derrame de petróleo da BP em 2010 afectou as posições dos acionistas em empresas de petróleo e gás. De acordo com as suas conclusões, não houve efeitos globais na indústria, mas os acionistas de empresas que realizavam operações offshore em águas dos EUA tiveram um desempenho consideravelmente pior. O impacto da catástrofe nuclear japonesa de Fukusima-Daiichi nos preços das acções de empresas multinacionais de energia nuclear e alternativa foi avaliado por Ferstl et al. (2012) utilizando a abordagem de investigação de eventos. Encontraram retornos anómalos notáveis para empresas de serviços públicos nucleares sediadas na Alemanha, França e Japão, mas não para as dos Estados Unidos.

Neste trabalho, fazemos um esforço para medir o risco reputacional que as empresas não financeiras, em particular as envolvidas na produção de petróleo e gás, enfrentam na sequência de uma catástrofe ambiental como um derrame de petróleo. Derrames trágicos, como a catástrofe de 2010 da British Petroleum no Golfo do México, resultam em manchetes de notícias chocantes e imagens deprimentes de aves e vida marinha mortas ou oleadas, bem como de costas cobertas. Um dos casos mais proeminentes de risco para a reputação provocado por erros operacionais na extração de petróleo bruto é a fuga da plataforma Deepwater Horizon da BP, que é considerada um dos maiores derrames de petróleo da história e uma catástrofe ecológica catastrófica. Para além das consequências negativas para o ambiente, os derrames de petróleo são vistos pelos investidores e acionistas como problemas extremamente graves que podem prejudicar a posição da empresa no mercado de capitais. Este estudo utiliza a abordagem do estudo de eventos, que se baseia na teoria do mercado eficiente, para investigar a forma como os mercados bolsistas dos EUA reagiram aos maiores e mais recentes incidentes de fuga de petróleo ocorridos entre 2005 e 2011. O risco reputacional das empresas pode ser reconhecido e até medido de forma independente, uma vez que o declínio do valor de mercado de uma empresa é muito superior aos danos monetários necessários para reparar os danos ecológicos (perdas operacionais). Para aprofundar a literatura atual, desta vez para empresas não financeiras, utilizámos muitos factores do sector bancário, incluindo o rácio de perdas e o retorno anormal da reputação.

2.1.2.2 Risco para a saúde das comunidades e derrame de hidrocarbonetos

Os resultados para as mães e os recém-nascidos são questões importantes no domínio da saúde pública. Isto porque, na maioria das nações em desenvolvimento, as ocorrências desfavoráveis envolvendo mães e recém-nascidos continuam a ser a principal causa de mortes maternas e perinatais, bem como de deficiências infantis. De acordo com dados divulgados pela Organização Mundial da Saúde (OMS) em 2018, as mulheres e as crianças que residem em comunidades pobres são responsáveis por 99% das mortes maternas e mais de 37% da mortalidade infantil nos países subdesenvolvidos. O Objetivo de Desenvolvimento Sustentável (ODS) visa garantir uma vida saudável e promover o bem-estar de todas as pessoas, independentemente da idade, reduzindo a taxa global de mortalidade materna para menos de 70 por 100 000 nados-vivos e a taxa de mortalidade neonatal para 12 por 1 000 nados-vivos. Entre outros objectivos estratégicos, o ODS dá prioridade máxima ao acesso universal a serviços de saúde de alta qualidade para as mães, os recém-nascidos e a saúde sexual e reprodutiva, em resposta a este desafio.

Há cada vez mais provas que sugerem que o ambiente pode ter um impacto significativo nos resultados da gravidez, apesar de uma variedade de factores ter sido associada a resultados de gravidez desfavoráveis. Foi demonstrado que as variáveis genéticas e ambientais interagem para provocar alterações genéticas que causam problemas tanto para as mães como para os recém-nascidos. Assim, as mulheres grávidas que vivem em zonas onde a queima de gás e os derrames de petróleo contaminaram o ambiente enfrentam riscos constantes para a sua saúde e para a saúde dos seus filhos por nascer. Os efeitos negativos no desenvolvimento e na gravidez têm sido relacionados com a exposição à poluição em todas as suas formas. A investigação investigou a forma como a poluição atmosférica afecta os resultados da gravidez e os efeitos prejudiciais que tem no crescimento fetal, incluindo o baixo peso à nascença ou o parto prematuro, o desenvolvimento e a duração da gravidez. Além disso, mesmo pequenas perturbações provocadas por exposições químicas durante momentos críticos do desenvolvimento do feto podem aumentar o risco de doença e incapacidade ao longo da vida de um indivíduo.

Pensa-se que o nível de consciência e de perceção do perigo de uma pessoa tem um impacto significativo no seu bem-estar geral. De acordo com Ferrer e Klein (2015), a perceção do risco afecta a tomada de decisões em matéria de saúde, o comportamento de procura de saúde e os resultados de saúde. As percepções são moldadas em cada população, nação ou sociedade de acordo com o grau de ameaça que um risco específico representa. A perceção do risco é elevada quando uma situação é vista como ameaçadora; por outro lado, a perceção do risco é baixa quando uma situação é vista como menos ameaçadora. Por conseguinte, a forma como se percepcionam os perigos afecta a forma como se reage às circunstâncias. Embora os residentes das áreas afectadas por derrames de petróleo sejam geralmente susceptíveis a problemas de saúde, as mulheres grávidas e os bebés são particularmente vulneráveis a estas consequências desfavoráveis para a saúde. Isto deve-se ao facto de qualquer material que consiga atravessar a placenta ter a capacidade de afetar o crescimento do feto e alterar o seu curso. Existem poucos estudos que mostrem como as mulheres percepcionam o risco que a poluição petrolífera representa para os resultados desfavoráveis para mães e bebés.

2.2 Revisão teórica

2.2.1 Teoria de campo

Kurt Lewin, um psicólogo germano-americano conhecido pelos seus contributos para a psicologia social e a dinâmica de grupo, desenvolveu a Teoria de Campo (1890-1947). Embora Lewin não se tenha concentrado especificamente na psicologia ambiental no sentido contemporâneo, a sua investigação estabeleceu o enquadramento para a compreensão do modo como as pessoas se comportam em relação ao seu meio envolvente. As suas teorias sobre o comportamento, a motivação e a perceção são relevantes para a perceção dos impactos dos derrames de petróleo na produção de mandioca: A teoria do campo de Lewin postula que os indivíduos são influenciados pela interação entre factores pessoais e ambientais, conceptualizados como um "espaço de vida" ou campo psicológico. Com base na sua interpretação subjectiva da situação, que é influenciada por factores culturais, experiências pessoais e caraterísticas ambientais, esta teoria propõe a forma como os agricultores, os transformadores e as comunidades locais vêem e reagem aos riscos ambientais no contexto dos derrames de óleo na produção de mandioca. Esta teoria centra-se na forma como os indivíduos percepcionam e interagem com o seu ambiente. Explora os processos cognitivos e emocionais envolvidos na perceção do ambiente, incluindo a perceção do risco e as atitudes em relação a perigos ambientais como os derrames de petróleo. A psicologia ambiental pode ajudar a compreender como os agricultores, os transformadores e as comunidades locais percepcionam o impacto dos derrames de petróleo na produção de mandioca e como essas percepções influenciam o seu comportamento e a tomada de decisões.

2.2.2 Teoria das trocas sociais:

Os proponentes da teoria das trocas sociais foram George Homans (1958) e Peter Blau (1964). As teorias socioeconómicas, como a Teoria das Trocas Sociais, podem ser aplicadas para analisar os factores socioeconómicos que influenciam a perceção. Estas teorias consideram aspectos como o nível de rendimento, a educação, as oportunidades de emprego e o acesso a recursos. Por exemplo, a Teoria das Trocas Sociais pode ajudar a explicar como os indivíduos pesam os custos e os benefícios de viver em áreas afectadas por derrames de petróleo na produção de mandioca, enquanto a Teoria Marxista pode destacar questões de dinâmica de poder e desigualdade na distribuição de recursos. A Teoria das Trocas Sociais postula que os indivíduos se envolvem em relações e interações com base nos benefícios e custos percebidos. Aplicada à perceção dos derrames de petróleo na produção de mandioca, esta teoria sugere que as partes interessadas avaliam os riscos e as recompensas associados à continuação do cultivo da mandioca em áreas contaminadas. Os agricultores podem ponderar os benefícios económicos da produção de mandioca em relação aos potenciais perigos para a saúde e o ambiente colocados pelos derrames de petróleo, influenciando a sua perceção e tomada de decisões. Mostafa & Bottomley (2020) concluíram que o capital social organizacional, que reflecte o empenho coletivo e o auto-sacrifício da liderança, contribui para o comportamento cooperativo e prejudica os comportamentos oportunistas. As perspectivas de justiça ambiental examinam a distribuição dos benefícios e encargos ambientais, particularmente no que respeita às comunidades marginalizadas. No contexto dos derrames de petróleo na produção de mandioca, esta teoria pode elucidar questões de justiça, equidade e justiça processual na abordagem dos danos ambientais. Pode ajudar a compreender como as percepções dos derrames de petróleo variam entre os diferentes grupos socioeconómicos da Área da Administração Local de Oguta e a defender soluções equitativas que dêem prioridade às necessidades das comunidades afectadas.

2.2. 3Teoria da perceção do risco:

O trabalho de Paul Slovic sobre a perceção do risco estende-se por várias décadas, com contribuições significativas a partir do final dos anos 60 e até à atualidade. Esta teoria centra-se na forma como os indivíduos percepcionam e avaliam os riscos associados aos perigos ambientais. Tem em conta factores como a perceção da gravidade e da probabilidade do dano, a confiança nas autoridades e as experiências pessoais com incidentes semelhantes. Rains SA et al (2019) considera o teste da estrutura de atitude de perceção de risco como uma estratégia de adaptação de mensagens para promover o rastreio da diabetes. A aplicação desta teoria pode ajudar a compreender por que razão algumas partes interessadas podem considerar os derrames de petróleo na produção de mandioca como uma ameaça significativa para os seus meios de subsistência, enquanto outras podem minimizar os riscos, conduzindo a diferentes respostas e comportamentos. A investigação de Paul Slovic de 2023 tem sido fundamental para fazer avançar a nossa compreensão da forma como os indivíduos percepcionam e respondem aos riscos ambientais. O seu trabalho destacou os enviesamentos cognitivos, os factores afectivos e as influências sociais que moldam a perceção dos riscos, contribuindo para o quadro teórico da psicologia ambiental.

2.2.3.1 Relevância para a perceção do derrame de petróleo na produção de mandioca:

A investigação de Slovic em 2023 sobre a perceção do risco é altamente relevante para compreender como as partes interessadas percebem os riscos associados aos derrames de petróleo na produção de mandioca. Os seus estudos identificaram factores como a perceção do medo, a possibilidade de controlo e a familiaridade que influenciam a perceção do risco, o que pode ajudar a explicar por que razão alguns indivíduos podem considerar os derrames de petróleo mais ameaçadores para a produção de mandioca do que outros. Os conhecimentos de Slovic também informam as estratégias de comunicação dos riscos e de tomada de decisões para atenuar os impactos dos derrames de petróleo nos meios de subsistência agrícolas. As contribuições de Paul Slovic para a Teoria da Perceção do Risco tiveram um impacto profundo na psicologia ambiental e na nossa compreensão da forma como os indivíduos percepcionam e respondem a perigos ambientais como os derrames de petróleo. TA Amusa (2021), este estudo examinou os derrames de petróleo e o estado de bem-estar dos produtores de mandioca nas comunidades produtoras de petróleo do Estado de Abia. A sua investigação fornece informações valiosas sobre a complexa interação de factores cognitivos, emocionais e sociais que moldam a perceção do risco, informando os esforços para enfrentar os desafios colocados pela contaminação por petróleo na produção de mandioca e noutros sistemas agrícolas.

2.2.4 Teoria cultural:

"Risk and Culture: An Essay on the Selection of Technological and Environmental Dangers", escrito em colaboração com Aaron Wildavsky e Mary Douglas, foi lançado em 1982. Relevância para a Psicologia Ambiental: O trabalho de Douglas e Wildavsky cruza-se com a psicologia ambiental ao examinar a forma como os factores culturais moldam a perceção do risco e a tomada de decisões. A Teoria Cultural defende que as percepções de risco dos indivíduos são influenciadas pelos seus preconceitos culturais subjacentes, que se reflectem nas suas atitudes em relação à autoridade, à ordem social e ao comportamento de risco. L Steg (2000) defende que a teoria cultural das diferenças individuais sistemáticas existe na perceção dos riscos ambientais com base em quatro mitos diferentes da natureza. Este quadro complementa as teorias psicológicas, salientando o contexto sociocultural em que ocorre a perceção do risco.

2.2.4.1 Relevância para a perceção dos derrames de petróleo na produção de mandioca:

A Teoria Cultural oferece uma visão das diversas percepções dos derrames de petróleo sobre a produção de mandioca na Área Governamental Local de Oguta e noutras comunidades afectadas. Dependendo das suas orientações culturais (hierárquica, individualista, igualitária ou fatalista), as partes interessadas podem interpretar os derrames de petróleo de forma diferente, atribuindo culpa, responsabilidade e significado ao evento com base nos seus valores e crenças culturais. A compreensão destas dinâmicas culturais pode informar estratégias de comunicação de riscos e intervenções políticas adaptadas aos contextos culturais específicos das comunidades afectadas. A Al Jazeera (2022) revela que em Goi, no vizinho Estado de Rivers, os líderes comunitários afirmam que o crude se infiltra na mandioca fermentada quando esta é processada pelas mulheres locais que preparam a mandioca.

A Teoria Cultural de Mary Douglas e Aaron Wildavsky oferece uma perspetiva valiosa para compreender como os factores culturais moldam a perceção do risco e os processos de tomada de decisão no contexto de perigos ambientais como os derrames de petróleo. Ao integrar as percepções culturais com as teorias da psicologia ambiental, os investigadores podem desenvolver uma compreensão mais matizada das percepções das partes interessadas sobre os derrames de petróleo na produção de mandioca e formular estratégias eficazes para a gestão dos riscos e o envolvimento da comunidade.

A Teoria Cultural defende que as percepções dos indivíduos sobre os riscos e perigos ambientais são moldadas pelos seus valores culturais, crenças e visões do mundo. Identifica diferentes preconceitos culturais, como o individualismo, o hierarquismo, o igualitarismo e o fatalismo, que influenciam a forma como as pessoas interpretam e respondem aos riscos ambientais. Ao considerar o contexto cultural da Área Governamental Local de Oguta, esta teoria pode fornecer uma visão das diversas perspectivas sobre os derrames de petróleo e a produção de mandioca, realçando o papel dos factores culturais na formação das percepções e dos processos de tomada de decisões.

2.3 Análise empírica

2.3.1 Relação entre a perceção das comunidades, dos agricultores e do público sobre o derrame de petróleo na produção de mandioca

Odjuvwuederhie et al (2006) sobre o efeito do derrame de petróleo no rendimento das culturas e no rendimento agrícola no Estado do Delta, Nigéria. A degradação ambiental da região do delta do Níger, rica em petróleo, tem sido gratuita e contínua, com consequências terríveis para a saúde, sociais e económicas das suas populações, há mais de três décadas. Utilizando uma amostra de 262 agricultores selecionados aleatoriamente em 10 comunidades e 5 áreas governamentais locais nas zonas agro-ecológicas produtoras de petróleo do Estado do Delta, o impacto negativo dos derrames de petróleo na produção agrícola foi acentuado. O derrame de petróleo reduziu o rendimento das colheitas, a produtividade da terra e diminuiu consideravelmente o rendimento agrícola, uma vez que um aumento de 10% no derrame de petróleo reduziu o rendimento das colheitas em 1,3% e o rendimento agrícola caiu 5%. Para travar a degradação contínua do ambiente do Delta do Níger, os autores recomendam a promulgação e a aplicação de leis ambientais rigorosas para proteger a área, bem como a implementação de políticas para reduzir o nível esmagador de pobreza e garantir uma melhor subsistência para as pessoas.

Abah (2020) sobre os efeitos diferenciais do derrame de petróleo nos meios de subsistência dos produtores de mandioca nas zonas terrestres de Eleme e Ogoni do Estado do Rio, na Nigéria. Este estudo analisou os efeitos do derrame de petróleo nos meios de subsistência dos produtores de mandioca nas zonas de Eleme e Ogoni Land do Estado de Rivers, na Nigéria. O estudo examinou especificamente as causas do derrame de petróleo na zona de estudo, examinou os efeitos do derrame de petróleo nos meios de subsistência e os factores que influenciam os efeitos do derrame de petróleo na produção de mandioca na zona de estudo. Foi utilizado um questionário estruturado para recolher dados de 400 produtores de mandioca selecionados através de um processo de amostragem em várias fases. Para analisar os dados recolhidos, foram utilizados a pontuação percentual, a média e o teste Z. Os resultados revelaram que a vandalização dos oleodutos foi identificada como a principal causa (88,0%) do derrame de petróleo na zona de estudo. O não pagamento de indemnizações às vítimas de derrame de petróleo (M = 2,6), a falta de acesso a crédito/empréstimo (M = 2,5), a falta de acesso a variedades melhoradas de mandioca e a fraca implementação de leis e políticas ambientais (M = 2,4) foram considerados como factores que promovem os efeitos do derrame de petróleo nos meios de subsistência dos agricultores. O resultado mostrou ainda que o efeito médio dos inquiridos das explorações poluídas é de 2,3968; DP = 0,89, enquanto o efeito médio dos inquiridos das explorações não poluídas na produção de mandioca é de 2,5510; DP = 0,5822, com uma diferença média de 0,1542, o que implica a existência de uma diferença significativa. O estudo conclui que o derrame de petróleo teve efeitos devastadores nos meios de subsistência dos produtores de mandioca da zona de estudo e, por conseguinte, recomenda a aplicação efectiva de medidas de atenuação do derrame de petróleo na zona.

2.3.2 Relação entre o impacto económico nas comunidades, nos agricultores e no público em geral do derrame de petróleo e da produção de mandioca.

Opuofoni (2022) sobre O Impacto Económico do Derrame de Petróleo Bruto na Produção de Mandioca em Olodiama Clan, Estado de Bayelsa, Nigéria. O estudo examina empiricamente o impacto económico dos derrames de petróleo bruto na produção de mandioca em Olodiama Clan, na zona governamental local de Ijaw do Sul do Estado de Bayelsa. Este estudo de investigação utilizou um questionário bem estruturado como principal instrumento de recolha de dados junto dos cento e setenta (170) inquiridos. Além disso, este estudo utilizou duas abordagens na análise dos dados: análise descritiva e inferencial. Foram utilizados quadros e figuras apropriados na análise dos dados recolhidos. Dos resultados, concluiu-se que o derrame de petróleo tinha dado origem a solos improdutivos, matando assim o interesse das pessoas pela cultura da mandioca e outras actividades agrícolas. Verificou-se também que o derrame de petróleo tinha afetado as actividades socioeconómicas da população, causando assim uma relação negativa entre as companhias petrolíferas e as comunidades anfitriãs na área de estudo. Além disso, os resultados das análises de regressão indicaram que os derrames de petróleo bruto tiveram um efeito negativo e estatisticamente significativo na produção de mandioca, em consonância com as expectativas a priori. Com base nos resultados das conclusões, foram feitas algumas recomendações. Uma das recomendações é que o governo, a todos os níveis, e as empresas petrolíferas devem tomar medidas realistas para promulgar e fazer cumprir leis ambientais rigorosas que protejam o oleoduto de explosões e garantam à população um melhor meio de subsistência.

Erhieguren, (2018) sobre os efeitos económicos da exploração de petróleo bruto na produção de mandioca no Estado do Delta. Este estudo examinou os efeitos económicos da exploração de petróleo bruto na produção de mandioca no Estado do Delta. Especificamente, foi explorado o efeito da exploração de petróleo bruto na produtividade da terra, no rendimento agrícola e no rendimento da mandioca. Os custos e rendimentos e, consequentemente, a rentabilidade da produção de mandioca, influenciados pela poluição petrolífera, os sistemas de cultivo e as caraterísticas socioeconómicas dos produtores de mandioca, foram analisados de forma crítica. Foram utilizadas cópias de questionários bem estruturados para recolher dados primários de uma amostra de 204 pequenos produtores de mandioca, selecionados através de técnicas de amostragem aleatória estratificada e simples nas três (3) zonas agro-ecológicas do Estado do Delta, entre outubro de 2007 e fevereiro de 2009. Os dados foram analisados utilizando estatísticas descritivas, análises de custos e retornos, margem líquida e análises de regressão. Os resultados revelaram que o custo fixo total por agricultor de mandioca foi de N27, 624.49, enquanto o custo variável total por agricultor de mandioca foi de N19, 108.68. A produção total de produtos de mandioca (garri) antes e depois dos incidentes de derrame de petróleo foi de 48 636 kg e 40 549,22 kg, com um rendimento médio de 328 kg e 274 kg, respetivamente, por agricultor de mandioca. Foi também revelada uma margem líquida de N27, 846.43 e N19, 206.43 antes e depois dos incidentes de derrames de petróleo por agricultor de mandioca, indicando uma redução de 31% no lucro. Utilizando o método de regressão múltipla por Mínimos Quadrados Ordinários (MQO) para estimar o efeito da exploração de petróleo bruto nas principais variáveis dependentes, as funções lineares tiveram o melhor ajuste com R2 ajustado de 0,432 e estatística DW de 2,08 para a produtividade da terra, R2 ajustado de 0,953 e estatística DW de 1,537 para o rendimento agrícola e R2 ajustado de 0,950 e estatística DW de 2,015 para o rendimento da mandioca. Os resultados das análises de regressão e todas as hipóteses testadas utilizando o teste estatístico t emparelhado aos níveis de probabilidade de 1% e 5% indicaram que a exploração de petróleo bruto teve um efeito negativo e estatisticamente significativo na produção de mandioca, em consonância com as expectativas anteriores. Assim, recomenda-se, entre outras medidas, que o governo, a todos os níveis, tome medidas pragmáticas para promulgar e aplicar leis ambientais rigorosas que protejam as comunidades agrícolas produtoras de petróleo e garantam às pessoas um melhor meio de subsistência.

2.3.3 Relação entre o risco para a saúde das comunidades, dos agricultores e do público em geral no que respeita ao derrame de petróleo e à produção de mandioca

Muito barulho sobre o inevitável, segundo Ebere (2021), sobre as preocupações de saúde pública na região do Delta do Níger, na Nigéria, e o petróleo bruto. O petróleo bruto sofreu muito para ganhar a sua importância. Pode ser referido como o petróleo bruto agridoce devido aos seus efeitos duplos no bem-estar, na saúde e no bem-estar da população em muitas economias emergentes em todo o mundo. Os residentes do Delta do Níger continuam a caraterizar-se pela agitação e inquietação na sequência de alegações de que as empresas multinacionais exploram e ignoram a população local. Foram pesquisadas bases de dados relevantes, incluindo Google Scholar, Science Diret, Scopus e PubMed, para encontrar literatura sobre os efeitos do petróleo bruto no ambiente e na saúde pública. Esta dissertação oferece uma tradução toxicológica e científica do que deveria ser feito pelas principais partes em vez de lançar acusações intermináveis. Viver perto de locais de produção e de derrames de petróleo bruto é um fator de stress para o ambiente causado pela exposição a ameaças físicas e a poluentes químicos, todos eles nocivos para a saúde. Por conseguinte, a avaliação dos riscos cumulativos, ou CRA, é sugerida como um método viável para uma compreensão exaustiva do âmbito desta questão. O avanço da investigação em medicina ambiental, que produzirá informações sobre a forma de utilizar os recursos naturais para resolver os problemas de saúde pública relacionados com a exploração petrolífera, bem como a atenuação e a limpeza do ambiente, é algo que as empresas petrolíferas multinacionais devem incentivar. Este projeto produzirá um programa de resíduos para a riqueza que acalmará a agitação nas comunidades que exploram o petróleo. Será intrigante saber que os remédios naturais para acabar com a epidemia de saúde pública se encontram no mesmo ambiente que fomenta o elefante na sala de visitas.

Ogboeli et al (2024) sobre Implicações de Planeamento do Efeito da Poluição por Petróleo Bruto na Germinação e Parâmetros de Crescimento de Mucuna Pruriens (Var Cochinchinesis) Fabacea no Estado de Rivers, Nigéria. Foi investigado o efeito de concentrações variáveis de poluição por petróleo bruto nos parâmetros de germinação e crescimento de Mucuna pruriens (Var. cochinchinenesis). Foram utilizados os seguintes tratamentos: 0ml, 100ml, 200ml, 400ml, 800ml, 1600ml, respetivamente. Embora 100% dos grãos de veludo tenham germinado, os diferentes tratamentos (800 e 1600 ml) mostraram limitar o desenvolvimento; neste tratamento, o intervalo de tempo entre o crescimento subsequente também é reduzido. Pensa-se que a obstrução física do óleo à entrada de oxigénio e de água é a causa principal da inibição do crescimento. As plantas dos tratamentos contaminados tiveram um desenvolvimento e um crescimento inferiores aos do tratamento não poluído (controlo), devido aos efeitos nefastos do crude sobre os parâmetros geomorfológicos (número de folhas, área foliar e altura das plantas) testados. Quando comparado com o ensaio de controlo, o feijão veludo tratado com tratamentos mais pequenos (100 e 200 mililitros) revelou-se mais produtivo. Consequentemente, o atraso no crescimento, a clorose, a presença de um meristema apical duro e a desfoliação da base da planta ocorrem quando o óleo bruto ultrapassa a capacidade de absorção da planta a 800 ml e 1600 ml, respetivamente.

2.3.4 Relação entre os factores sociais e culturais no derrame de petróleo e na produção de mandioca

Aubin et al (2021) sobre a exploração, para além da retórica conjuntural, dos factores socioculturais da "crise da mandioca" na Costa do Marfim. Apesar da melhoria considerável da segurança alimentar nos países de baixo e médio rendimento nas últimas décadas, a escassez de alimentos continua a ser persistente na África Subsariana. As forças motrizes estão frequentemente relacionadas não só com as alterações climáticas e outros riscos ambientais, mas também com factores socioeconómicos e políticos. Em África, a segurança alimentar assumiu também uma forte dimensão urbana, levantando novas questões de acesso físico e financeiro aos alimentos. No entanto, para além da retórica conjuntural em torno das políticas alimentares não regulamentadas, da agitação social, das dificuldades socioeconómicas e das pressões ambientais, deve ser dada ênfase aos aspectos socioculturais da segurança alimentar. Isto seria possível através de uma análise das "conectividades" entre várias etapas e actores, ou seja, práticas de troca de alimentos entre vários espaços sócio-ecológicos e coordenação da governação nas estratégias de segurança alimentar. Esta pesquisa investiga elementos socioculturais relacionados à escassez de alimentos em ambientes urbanos, com base em um estudo realizado sobre a escassez de mandioca na Costa do Marfim durante o período 2015-2016. Os resultados de uma metodologia de pesquisa qualitativa que incluiu grupos focais e entrevistas com informantes-chave com diferentes partes interessadas na cadeia de valor da mandioca mostraram que as narrativas de oferta e procura nem sempre são suficientes para explicar a escassez de alimentos. O estudo demonstra que os mecanismos de abastecimento de mandioca na zona de Abidjan são insustentáveis porque a estabilidade da região depende dos preços desta cultura comercial no mercado mundial e os principais produtores de mandioca para venda são trabalhadores migrantes empregados em plantações de borracha. As zonas circundantes de Abidjan estão a fornecer mandioca à cidade, mas o fornecimento não satisfaz as necessidades dos transformadores de alimentos que utilizam a cultura para fazer certos tipos de alimentos. Além disso, se as normas e valores locais não forem tidos em conta, as pessoas podem lutar contra as iniciativas governamentais e municipais para contornar a escassez. Para além dos vários elementos socioeconómicos e ambientais que influenciam a geografia social do abastecimento alimentar nas cidades africanas, as estratégias alimentares devem ter em conta a dinâmica sociocultural.

Ekanem et al. (2013) sobre os elementos socioculturais que afectam as iniciativas agrícolas do Delta do Níger apoiadas pela Shell em termos do seu desempenho sustentável. A investigação analisou os elementos socioculturais que afectaram o desempenho das iniciativas agrícolas da Shell Petroleum Development Company no Delta do Níger. O estudo avaliou a eficácia das iniciativas agrícolas levadas a cabo entre 2004 e 2008 e identificou as variáveis que afectam o desempenho desses projectos. Foram utilizados no estudo dados primários dos inquiridos. As respostas das discussões de grupo de foco (FGD) com líderes comunitários foram documentadas utilizando um questionário padronizado. Foram escolhidas 16 comunidades através de uma técnica de seleção em várias fases, e foram implementados quatro projectos agrícolas - avicultura, processamento de arroz, mandioca e aquacultura - em três estados de operação da Shell. Em cada projeto, foram escolhidos aleatoriamente dez indivíduos e, no total, foram recolhidos 160 inquiridos para a investigação. De acordo com os dados, apenas 31,25% das iniciativas estavam operacionais e bem-sucedidas no momento do estudo. O sucesso dos projectos agrícolas é influenciado por três elementos socioculturais principais, que foram identificados. Estes incluem factores ligados aos contratantes (ONG), factores relacionados com a comunidade e factores relacionados com os patrocinadores (SPDC).

2.3.5 Relação entre as influências ambientais do derrame de petróleo nas comunidades, nos agricultores e na produção de mandioca.

Kingsley (2021) sobre Environmental implications of petroleum spillages in the Niger Delta region of Nigeria (Implicações ambientais dos derrames de petróleo na região do Delta do Níger da Nigéria): Uma revisão. A questão da poluição ambiental tem sido reconhecida como um exemplo típico de uma atividade antropogénica que constitui um desafio global, juntamente com a influência das alterações climáticas. Esta situação tem constituído vários perigos que incluem a bioacumulação de substâncias tóxicas, a poluição do ambiente aquático, a elevada taxa de dilapidação da estrutura e textura do solo, os perigos para a saúde, o elevado nível de desequilíbrio no ecossistema e um elevado nível de toxicidade para os seres humanos e o ambiente. Apesar da intervenção dos governos, das indústrias, dos investigadores e das partes interessadas relevantes, estes problemas continuam a ser preponderantes na maioria das regiões. Por conseguinte, tendo em conta o que precede, é essencial identificar técnicas de remediação sustentáveis, conhecimentos inovadores sobre estratégias de remediação e técnicas de limpeza que possam contribuir para a atenuação de todos estes desafios. Além disso, vários estudos revelaram a influência deletéria do petróleo ou dos derrames de petróleo que resultam numa dilapidação ambiental irreparável e noutros perigos potenciais para a saúde humana, a agricultura, o sistema climático e o ecossistema em geral. A partir da análise sistemática da revisão baseada em provas, meta-dados e outra literatura revista, é notório que há poucos estudos de revisão holística que incorporem todas estas implicações ambientais supramencionadas resultantes das actividades dos recursos petrolíferos na região do Delta do Níger na Nigéria (NDRN) num único estudo. Entretanto, alega-se que dificilmente haverá uma solução permanente e tangível para estes problemas de derrame de petróleo e os seus impactos na região; no entanto, a consciencialização será fundamental para a sua mitigação. Assim, este estudo de revisão tentará colmatar esta lacuna através de uma análise holística das implicações ambientais selecionadas dos derrames de petróleo na RND, extraídas de 219 evidências e revisões baseadas em meta-dados e outros artigos. Além disso, são discutidos neste estudo os enquadramentos legais relevantes que podem servir de orientação na proteção contra questões ambientais e derrames de petróleo. Em conclusão, o estudo fornece cautelosamente um caminho a seguir, propondo que medidas eficazes de investigação e desenvolvimento, que vão desde avaliações de saúde pública da contaminação por petróleo até uma aplicação abrangente da tecnologia de bioremediação, devem ser levadas a cabo com urgência, com uma adaptação resiliente, apaziguamento e gestão destas ameaças.

2.4 Síntese da revisão da literatura

Tem havido interesse em trabalhos de investigação recentes sobre a perceção do impacto dos derrames de petróleo na produção de mandioca na Área Governamental Local de Oguta, Estado de Imo. Um número crescente de académicos tem-se debruçado sobre a forma como os derrames de petróleo afectam as actividades agrícolas desta região, especialmente a produção de mandioca. A análise da literatura revela que os derrames de petróleo podem ter efeitos prejudiciais no cultivo e na produtividade da mandioca. Os agricultores da região consideram frequentemente os derrames de petróleo como uma grande ameaça à sua subsistência devido à contaminação do solo e das fontes de água. O impacto duradouro dos derrames de petróleo na produtividade das culturas, na fertilidade dos solos e na sustentabilidade agrícola em geral agrava ainda mais esta opinião.

Os estudos demonstraram igualmente que a perceção do impacto dos derrames de petróleo na produção de mandioca é influenciada por vários factores, como o estatuto socioeconómico, o nível de educação, o acesso à informação e a proximidade dos locais de exploração petrolífera. Os agricultores diretamente afectados pelos derrames de petróleo tendem a ter uma perceção mais negativa do que os das zonas não afectadas. Além disso, a falta de medidas adequadas de indemnização e reparação por parte das companhias petrolíferas contribui ainda mais para a perceção negativa dos produtores de mandioca na área da administração local de Oguta. A análise da literatura salienta a necessidade de práticas de gestão ambiental sustentáveis e de políticas eficazes para atenuar o impacto dos derrames de petróleo na produção de mandioca na área da administração local de Oguta do Estado de Imo.

2.4.1 A perceção das comunidades locais, dos agricultores e do público em geral sobre o derrame de petróleo e o impacto na produção de mandioca.

A forma como as comunidades locais e os agricultores encaram os derrames de petróleo e o seu impacto na produção de mandioca pode variar em função de uma série de circunstâncias, incluindo a extensão do derrame, a proximidade do derrame das suas terras agrícolas e a eficácia dos esforços de resposta e atenuação. Os agricultores podem ter as seguintes percepções comuns;

2.4.1.1 Impacto negativo na saúde do solo:

Os agricultores podem considerar os derrames de petróleo como uma ameaça significativa para a saúde dos seus solos. A contaminação por petróleo pode levar à degradação do solo, reduzindo a fertilidade e impedindo o crescimento de culturas como a mandioca. Esta perceção é particularmente forte se o derrame for extenso e não for adequadamente limpo.

2.4.1.2 Contaminação das culturas:

Os agricultores podem preocupar-se com a contaminação das suas culturas de mandioca por resíduos de óleo. Isto pode afetar a qualidade e a segurança da mandioca, tornando-a imprópria para consumo ou venda. Mesmo que a mandioca não pareça afetada, pode haver preocupações quanto aos efeitos a longo prazo para a saúde.

2.4.1.3 Perda de meios de subsistência:

Para muitos agricultores, a produção de mandioca não é apenas uma fonte de alimento, mas também uma fonte de rendimento. Um derrame de petróleo que danifique ou destrua as culturas de mandioca pode ter consequências económicas devastadoras para as comunidades locais. Os agricultores podem ter dificuldade em recuperar financeiramente, especialmente se dependerem fortemente da cultura da mandioca para a sua subsistência.

2.4.1.4 Preocupações com a saúde:

Os derrames de petróleo podem representar riscos para a saúde dos agricultores e das suas famílias. A exposição ao solo, à água e ao ar contaminados pode provocar vários problemas de saúde, incluindo problemas respiratórios, irritação da pele e efeitos a longo prazo. Esta perceção dos riscos para a saúde pode agravar ainda mais a ansiedade e o stress dos agricultores.

2.4.1.5 Preocupações ambientais:

Para além do impacto imediato na produção de mandioca, os agricultores podem também estar preocupados com as consequências ambientais mais vastas dos derrames de petróleo.

Podem preocupar-se com a contaminação das fontes de água, os danos causados aos ecossistemas e os efeitos a longo prazo na biodiversidade e nos recursos naturais.

É provável que a perceção dos agricultores das comunidades locais em relação aos derrames de petróleo e ao seu impacto na produção de mandioca seja negativa, reflectindo os graves desafios e riscos colocados pelas catástrofes ambientais em contextos agrícolas. A resposta eficaz, a limpeza e as medidas de apoio das autoridades e organizações podem ajudar a mitigar estas preocupações e apoiar a recuperação das comunidades afectadas.

O impacto económico de um derrame de petróleo nos agricultores de uma comunidade e na sua produção de mandioca pode ser profundo, repercutindo-se muito para além das consequências imediatas do desastre. Quando a maré negra do petróleo varre a terra, não se limita a manchar o solo - deixa uma marca indelével nos meios de subsistência daqueles que dependem da terra para o seu sustento.

Para os agricultores da comunidade, cujas mãos trabalham incansavelmente nos campos para cultivar as suas plantações de mandioca, um derrame de petróleo representa mais do que apenas um contratempo temporário - é uma ameaça aos seus próprios meios de sobrevivência. À medida que o petróleo se infiltra no solo, sufoca o delicado equilíbrio de nutrientes que sustentam as plantas de mandioca, atrasando o seu crescimento e diminuindo a sua produção. O que antes era uma fonte de abundância e prosperidade torna-se um campo de batalha, onde os agricultores têm de travar uma luta diária contra a maré de contaminação que se aproxima.

O custo económico desta batalha é muito elevado. A cada dia que passa, os agricultores observam impotentes os seus campos de mandioca, outrora prósperos, definharem e deteriorarem-se, as suas esperanças de uma colheita abundante frustradas por forças fora do seu controlo. À medida que as colheitas diminuem, também diminuem os rendimentos daqueles que dependem do cultivo da mandioca para se sustentarem a si próprios e às suas famílias. Sem uma fonte de rendimento estável, os agricultores podem ver-se confrontados com dificuldades financeiras, lutando para satisfazer as suas necessidades básicas e cumprir as suas obrigações.

Mas o impacto económico de um derrame de petróleo estende-se para além do portão da exploração agrícola, afectando toda a comunidade. Com a quebra da produção de mandioca, os mercados locais podem sofrer de escassez, aumentando os preços e exacerbando a insegurança alimentar para aqueles que já vivem à margem. As empresas que dependem do sector agrícola, desde as instalações de transporte e de transformação até aos mercados e restaurantes, podem ver as suas receitas diminuir, provocando a perda de postos de trabalho e a instabilidade económica.

Além disso, as repercussões a longo prazo de um derrame de petróleo podem prolongar-se durante anos, lançando uma sombra de incerteza sobre o futuro da economia da comunidade. Mesmo depois de terminados os esforços imediatos de limpeza, as cicatrizes deixadas pelo derrame podem continuar a assombrar a terra, tornando-a menos fértil e menos produtiva para as gerações vindouras. Perante tal adversidade, a resiliência dos agricultores da comunidade é posta à prova enquanto se esforçam por reconstruir as suas vidas e os seus meios de subsistência a partir das cinzas da destruição.

À medida que a planta da mandioca cria raízes e amadurece ao longo de vários meses, sofre uma transformação, as suas folhas desdobram-se como velas verdes contra o céu. Os agricultores cuidam atentamente dos seus campos, nutrindo a cultura com os nutrientes essenciais de que necessita para florescer. Nas regiões onde a pluviosidade é escassa, são utilizados sistemas de irrigação para saciar a sede da mandioca.

A época das colheitas anuncia um período de expetativa e de celebração. Com mãos hábeis e olhos atentos, os agricultores desenterram cuidadosamente os tubérculos, a sua generosidade em amido escondida sob a superfície da terra. Cada raiz de mandioca é um testemunho do trabalho do agricultor e da generosidade da terra - uma promessa de sustento para as famílias e comunidades.

A versatilidade da mandioca não tem limites. De ensopados saudáveis a sobremesas delicadas, é utilizada numa miríade de pratos, enriquecendo as tradições culinárias de todas as culturas. O seu rico perfil nutricional, com hidratos de carbono, fibras e vitaminas essenciais, torna-a uma fonte vital de sustento em regiões onde a segurança alimentar é fundamental.

Mas a produção de mandioca não está isenta de desafios. Pragas e doenças espreitam nas sombras, ameaçando diminuir os rendimentos e os meios de subsistência. No entanto, os agricultores perseveram, empregando práticas agrícolas sustentáveis e técnicas inovadoras para mitigar os riscos e garantir uma colheita abundante.

Quando o sol se põe sobre os campos de mandioca, lançando um brilho dourado sobre a paisagem, não podemos deixar de nos maravilhar com a resiliência desta humilde cultura e com a dedicação daqueles que a cultivam. Na tapeçaria da agricultura, a produção de mandioca tece uma história de resiliência, desenvoltura e comunidade. É um testemunho da capacidade da humanidade de prosperar em harmonia com a natureza, retirando o sustento da generosidade da terra e nutrindo-a para as gerações vindouras. E enquanto houver mãos para lavrar o solo e corações para cuidar dos campos, a história da mandioca continuará a desenrolar-se, sustentando vidas e meios de subsistência a cada estação que passa.

2.4.2 O impacto económico do derrame de petróleo na produção de mandioca para as comunidades, os agricultores e o público.

O impacto económico dos agricultores de uma comunidade e de um derrame de petróleo na produção de mandioca pode ser significativo e multifacetado. Os agricultores desempenham um papel crucial no cultivo da mandioca, uma cultura de base em muitas regiões, contribuindo para as economias locais através da produção, das vendas e das oportunidades de emprego. No entanto, quando um derrame de petróleo ocorre nas proximidades de explorações de mandioca, pode ter efeitos prejudiciais para a cultura e para os meios de subsistência dos agricultores.

A presença de óleo no solo pode levar à contaminação das plantas de mandioca, afectando o seu crescimento e qualidade. Esta contaminação pode tornar a mandioca imprópria para consumo ou venda, resultando em perdas financeiras para os agricultores. Além disso, o ambiente poluído pode também afetar a saúde dos agricultores e das comunidades circundantes, agravando ainda mais a pressão económica.

Além disso, um derrame de petróleo pode perturbar toda a cadeia de abastecimento da produção de mandioca, incluindo as redes de transporte e distribuição. Esta perturbação pode levar à escassez do abastecimento de mandioca, afectando não só os mercados locais mas também a segurança alimentar regional ou mesmo nacional. O impacto económico dos agricultores de uma comunidade e de um derrame de petróleo na produção de mandioca é substancial, afectando não só o rendimento e os meios de subsistência dos agricultores, mas também a economia agrícola global e a segurança alimentar da região.

Os riscos que os derrames de petróleo representam para a saúde das comunidades e para a produção de mandioca na zona governamental local de Oguta, no Estado de Imo, são significativos e multifacetados. Os derrames de petróleo podem ter efeitos prejudiciais tanto para a saúde humana como para a produtividade agrícola na região. Em primeiro lugar, a exposição ao petróleo e aos seus componentes tóxicos pode levar a vários problemas de saúde entre os membros da comunidade, incluindo problemas respiratórios, irritações da pele e outras doenças graves. A inalação de compostos orgânicos voláteis libertados pelos derrames de petróleo pode causar problemas respiratórios e agravar as doenças respiratórias existentes. Além disso, o contacto direto com fontes de água ou solo contaminados pode resultar em irritações da pele e outros problemas dermatológicos.

Além disso, a contaminação das terras agrícolas por derrames de petróleo pode ter um impacto devastador na produção de mandioca, que é uma cultura de base na região. As plantas de mandioca são muito sensíveis à poluição do solo e a exposição a resíduos de petróleo pode inibir o seu crescimento e desenvolvimento. Isto pode levar à redução do rendimento e à má qualidade das culturas de mandioca, afectando a segurança alimentar e os meios de subsistência da comunidade. Além disso, o consumo de produtos de mandioca cultivados em solos contaminados representa um risco grave para a saúde humana. Os contaminantes oleosos podem acumular-se nas raízes da mandioca, levando à ingestão de substâncias tóxicas pelos consumidores. A exposição prolongada a estes contaminantes através de produtos de mandioca contaminados pode ter consequências a longo prazo para a saúde, incluindo doenças crónicas e perturbações do desenvolvimento. Os derrames de petróleo na zona governamental local de Oguta, no Estado de Imo, representam riscos significativos para a saúde das comunidades e têm um impacto negativo na produção de mandioca. Para fazer face a estes desafios, são necessários esforços abrangentes de reparação ambiental, intervenções na saúde da comunidade e práticas agrícolas sustentáveis, a fim de atenuar os efeitos adversos da poluição por hidrocarbonetos tanto na saúde humana como na segurança alimentar.

O impacto dos derrames de petróleo na produção de mandioca é influenciado por vários factores sociais e culturais que desempenham um papel significativo na definição dos resultados de tais catástrofes ambientais. Factores sociais como o acesso aos recursos, a resistência da comunidade e as políticas governamentais podem afetar a capacidade dos produtores de mandioca para recuperarem de um derrame de petróleo. Por exemplo, as comunidades com acesso limitado a recursos financeiros podem ter dificuldade em limpar os terrenos contaminados ou em replantar culturas de mandioca após um derrame. Além disso, a coesão social no seio de uma comunidade pode determinar a eficácia da sua capacidade de organização e de resposta à crise.

2.4.3 Factores sociais e culturais

Os factores culturais também desempenham um papel crucial na determinação do impacto dos derrames de petróleo na produção de mandioca. As práticas agrícolas tradicionais, o conhecimento dos ecossistemas locais e as crenças culturais sobre o ambiente podem influenciar a forma como as comunidades percepcionam e respondem a catástrofes ambientais como os derrames de petróleo. Por exemplo, as comunidades com uma profunda ligação à terra podem estar mais motivadas para proteger as suas culturas de mandioca e práticas agrícolas tradicionais na sequência de um derrame. Por outro lado, as crenças culturais que dão prioridade ao desenvolvimento económico em detrimento da conservação ambiental podem levar a respostas diferentes por parte das comunidades afectadas. Os factores sociais e culturais cruzam-se de forma complexa para moldar o impacto dos derrames de petróleo na produção de mandioca. Compreender esta dinâmica é essencial para desenvolver estratégias eficazes para mitigar os efeitos dos derrames de petróleo nos produtores de mandioca e nas suas comunidades.

Após uma análise exaustiva da literatura relacionada, das investigações anteriores e do quadro concetual/teórico, pode concluir-se que os derrames de petróleo representam uma ameaça para o homem e o seu ambiente. Por conseguinte, devem ser envidados maiores esforços para garantir que os derrames de petróleo sejam minimizados no futuro.

CAPÍTULO TRÊS
METODOLOGIA

3.1 Conceção da investigação

Para este estudo, foi adotado um modelo de investigação correlacional. A investigação de conceção correlacional, de acordo com Ogidi (2019), procura encontrar respostas através da análise da relação variável, para determinar factores que se associam a certas ocorrências, resultados e análise dos acontecimentos passados ou condições já existentes. Com esta estratégia, foi selecionada uma amostra da população para representar a população-alvo da área de estudo e foi investigada utilizando instrumentos apropriados para avaliar o impacto percebido do derrame de petróleo na produção de mandioca na Área do Governo Local de Oguta, isto foi basicamente para estar a par do modo e da forma como as ocorrências de derrame de petróleo têm impacto na produção de mandioca na área de estudo. O estudo foi realizado na Área Governamental Local de Oguta do Estado de Imo, em comunidades peculiares predominantemente conhecidas pela cultura da mandioca que sofreram incidências de derrames de petróleo.

3.2 Natureza e fontes de dados

Os dados utilizados para esta investigação foram obtidos a partir de fontes primárias e secundárias. As fontes primárias de dados provêm de observações diretas, respostas a questionários, trabalhos de campo e entrevistas obtidas a partir da amostra. Os dados secundários foram obtidos por referência à literatura existente e a outras informações relacionadas com o tema em estudo. Estes incluíam materiais publicados e não publicados, tais como livros de texto, revistas, relatórios e publicações governamentais, manuais profissionais, teses e dissertações académicas, estatutos, revistas, jornais, etc. As publicações demográficas e socioeconómicas da Comissão Nacional da População (1941, 1976 e 2006) também fizeram parte dos dados secundários utilizados.

3.3 População do estudo

A população-alvo deste estudo foi selecionada a partir das comunidades incluídas na amostra da Área de Governo Local de Oguta do Estado de Imo. A informação obtida através do Censo Nacional da População de 2006 deduziu que a área de estudo tem uma população de cerca de 20 096 pessoas. A população de interesse para esta dissertação é constituída por agregados familiares nas comunidades incluídas na amostra e noutras comunidades vizinhas que tenham sofrido qualquer forma de derrame de petróleo. O agregado familiar inclui jovens e adultos, tanto do sexo masculino como feminino, residentes na área de estudo. O estudo foi realizado propositadamente entre participantes que eram predominantemente agricultores de mandioca. Assim, foram distribuídos 219 questionários entre os participantes selecionados das comunidades afectadas pelo derrame de petróleo, a maioria dos quais eram predominantemente agricultores. Dos questionários distribuídos, 197 foram recuperados e aplicados no trabalho de dissertação.

3.4 Estrutura da amostra

A área de estudo, a Área do Governo Local de Oguta, popularmente designada por Oguta, é também conhecida como "Oguta-Ameshi" ou "Ameshi"- pelos seus aborígenes. A área de estudo, popularmente designada por Oguta, é também conhecida por "Oguta-Ameshi ou "Ameshi" - pelos seus aborígenes - e é composta por duas partes: a parte antiga, que inclui as 26 aldeias de Oguta, e a parte nova, designada por "Oguta New Layout". A cidade de Oguta está situada entre o lago de Oguta, no lado oriental, e o rio Obana, que se juntou ao rio Okposha, no lado ocidental, deixando apenas o Egwe Gateway como a única via terrestre para Oguta sem passar por água ou por uma ponte.

Tabela 3.1: A área de estudo, Área da Administração Local de Oguta;

S/N	Comunidades	Derrame de petróleo afetado	Não afetado	Derrame de petróleo Mandioca afetada
1.	Ngegwu		De acordo	
2.	Abatu		De acordo	
3.	Umu-Amam		De acordo	
4.	Umudei		De acordo	
5.	Umu-ndanike		De acordo	
6.	Obutu		De acordo	
7.	Umu-togwuma		De acordo	
8.	Umu-ajuoma		De acordo	
9.	Ogwuma		De acordo	
10.	Umu-opu		De acordo	
11.	Umu-ayata		De acordo	
12.	Umu-igbo		De acordo	
13.	Umu-orima		De acordo	
14.	Ishibe		De acordo	
15.	Okichi		De acordo	
16.	Umu-ndoroku		De acordo	
17.	Umu-enemuanya		De acordo	
18.	Umu-nkwokomoshi		De acordo	
19.	Umu-enu		De acordo	
20.	Umu-nkwocha		De acordo	
21.	Umu-achishi		De acordo	
22.	Umu-nkwo		De acordo	
23.	Umu-osuma		De acordo	
24.	Umu-nsoha		De acordo	
25.	Obiakpu	De acordo		
26.	Mmahu	De acordo		
27.	Abacheke	De acordo		
29.	Obudi	De acordo		De acordo
30.	Mgbele	De acordo		De acordo
31.	Nnebukwu	De acordo		De acordo
32.	Izombe	De acordo		De acordo
33.	Etekwuru	De acordo		De acordo
34.	Abaziem	De acordo		

FONTE: Trabalho de campo do investigador (2023)

Tabela 3.2: Oguta L.G.A afetada por incidências de derrames de petróleo;

S/N	Comunidades	Derrame de petróleo afetado	Não afetado	Derrame de óleo (mandioca) afetado
1.	Obiakpu	De acordo		
2.	Mmahu	De acordo		
3.	Abacheke	De acordo		
5.	Obudi	De acordo		De acordo
6.	Mgbele	De acordo		De acordo
7.	Nnebukwu	De acordo		De acordo
8.	Izombe	De acordo		De acordo
9.	Ejemekwuru	De acordo		De acordo
10.	Abaziem	De acordo		

Tabela 3.3: Oguta L.G.A. em que as terras agrícolas de mandioca foram afectadas por incidências de derrames de petróleo;

S/N	Comunidades	Comunidades que se dedicam predominantemente à cultura da mandioca (impacto do derrame de petróleo)
1.	Obudi	De acordo
2.	Mgbele	De acordo
3.	Nnebukwu	De acordo
4.	Izombe	De acordo
5.	Ejemekwuru	De acordo

Tabela: 3.4; Caraterísticas de localização dos pontos de amostragem na Área de Estudo;

S/N	Comunidades	Latitute (N) Longitude (E) Altitude (M)
1.	Obudi	5.5478^0 N,6.8941 E^0
2.	Mgbele	5.6809^0 N,6.8478 E^0
3.	Nnebukwu	5.7018^0 N,6.7882 E^0
4.	Ejemekwuru	5.5932^0 N,6.9223 E^0
5.	Izombe	5.6344^0 N,6.8592 E^0

3.5Amostra / Técnica de amostragem

Esta investigação utilizou a técnica de amostragem por julgamento ou intencional na realização deste estudo. Ogidi (2018) postula que, neste tipo de técnica de amostragem, são selecionados elementos específicos que satisfazem alguns critérios pré-determinados. Além disso, esta técnica de amostragem, tendo em conta a natureza sensível do tema, bem como a peculiaridade da investigação, exige um envolvimento individual com os produtores de mandioca para obter um feedback útil. A amostra do estudo é constituída por 219 inquiridos selecionados nas comunidades da área governamental local de Oguta do Estado de Imo, que são produtores de mandioca e cujas terras agrícolas foram afectadas pelo derrame de petróleo. Trata-se de uma proporção relativa da população estimada das comunidades na área de estudo, que inclui os pontos de amostragem, bem como a população total das comunidades afectadas na área de estudo, que é de 20 096 pessoas, de acordo com os dados demográficos do Recenseamento Nacional da População de 2006. Esta dimensão da amostra foi determinada utilizando a fórmula estatística de Krejcie & Morgan, 1970;

A fórmula é a seguinte:

$$N = \frac{n = E^2 + Z^2 \times p \times (1-p)}{NZ^2 \times p \times (1-p)}$$

Onde:

- n = dimensão da amostra necessária
- Z = pontuação Z correspondente ao nível de confiança pretendido (por exemplo, para um nível de confiança de 95%, =1,$96Z$=1,96)
- p = proporção estimada da população que possui o atributo em causa
- E = margem de erro pretendida (expressa como uma proporção)
- N = tamanho da população

Para efeitos deste estudo, a dissertação foi limitada a apenas cinco (5) comunidades onde os pontos de amostragem se encontravam na área de estudo. As cinco (5) comunidades eram as que se dedicavam predominantemente à cultura da mandioca e que, de acordo com o trabalho de investigação, confirmaram ter sofrido várias formas de derrame de petróleo, o que tornou necessária esta dissertação. As comunidades afectadas nesta categoria encontram-se na tabela abaixo.

Quadro 3.4.1: Oguta L.G.A Comunidades afectadas pelo derrame de petróleo

S/N	Nome da comunidade	Número de inquiridos	Percentagem
1.	Obudi	23	11.7
2.	Mgbele	45	22.8
3.	Nnebukwu	52	26.4
4.	Izombe	53	26.9
5.	Etekwuru	24	12.2
	Total	**197**	**100**

FONTE: Trabalho de campo do investigador (2023):

3.6 Instrumento de recolha de dados

Como instrumento de recolha de dados, foi utilizado um questionário auto-elaborado intitulado Questionário sobre o impacto dos derrames de petróleo na produção de mandioca (IOSCPQ). O Questionário sobre o impacto dos derrames de petróleo na produção de mandioca (IOSCPQ) foi dividido em duas secções A e B. A secção A é conhecida como dados demográficos e foi utilizada para recolher informações pessoais dos inquiridos, como a localização, o sexo, o contexto socioeconómico, a idade e a classe. A secção B é constituída por itens que suscitam respostas dos inquiridos com base nos seus sentimentos e opiniões. A secção B do instrumento foi concebida de acordo com a escala de Likert. Todos os itens foram respondidos numa escala de Likert modificada de 4 pontos, com as seguintes classificações: Muito (SA) = 4, Concordo (A) = 3, Discordo (D) = 2 e Discordo totalmente (SD) = 1, respetivamente.

3.7 Método de análise de dados

A Correlação Produto-Momento de Pearson foi utilizada para responder às questões de investigação e testar as hipóteses nulas ao nível de significância de 0,05. A análise dos dados gerados no estudo foi efectuada com recurso ao Statistical Package for Social Sciences (SPSS) versão 2023.

CAPÍTULO QUATRO
RESULTADOS E DISCUSSÃO

4.1 Apresentação dos dados

Quadro 4.1.1: Questionário administrado e devolvido

Número de questionários administrados	Número de questionários devolvidos	Número de questionários não devolvidos	Percentagem devolvida	Percentagem não devolvida
219	197	22	89.9%	10.1%

Informações demográficas

Esta investigação incluiu três variáveis demográficas. Foram elas: Género, Idade e Experiência Profissional. Os resultados apresentados nos quadros abaixo reflectem a distribuição de acordo com as variáveis demográficas dos indivíduos da amostra.

Quadro 4.2: Perfil de género dos inquiridos

Variável	Frequência	Percentagem %
Masculino	84	42.63
Feminino	113	57.36
Total	197	100

Fonte: Inquérito de campo do investigador 2023

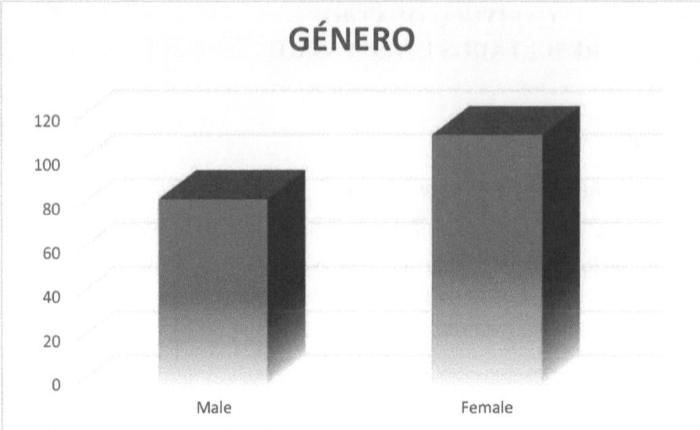

Figura 4.2: Género dos inquiridos

A tabela 4.2 e a figura 1 revelam que 84 (42,83%) dos inquiridos eram do sexo masculino, enquanto 113 (57,36%) eram do sexo feminino. Isto indica que os inquiridos do sexo feminino estavam mais interessados na investigação do que os inquiridos do sexo masculino.

Tabela 4.3: Perfil profissional dos inquiridos

Variável	Frequência	Percentagem %
Produtores de mandioca	145	73.60
Funcionários públicos	52	26.39
Total	197	100

Fonte: Inquérito de campo do investigador 2023

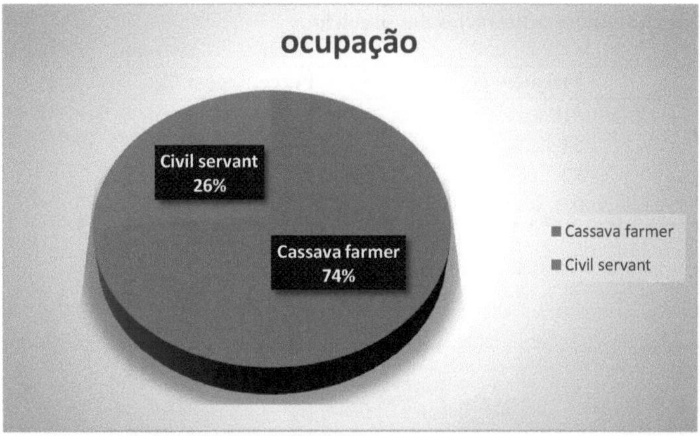

Figura 4.3: Ocupação dos inquiridos

A tabela 4.2 e a figura 2 revelam que 145 (73,60%) dos inquiridos eram produtores de mandioca, enquanto 52 (26,39%) eram funcionários públicos. Isto indica que os agricultores de mandioca inquiridos estavam mais interessados na investigação do que os funcionários públicos.

Tabela 4.4: **Perfil das habilitações literárias dos inquiridos**

Variável	Frequência	Percentagem %
FSLC	110	55.83
Primeiro grau	54	27.41
Pós-graduação	33	16.76
Total	197	100

Fonte: Inquérito de campo do investigador 2023

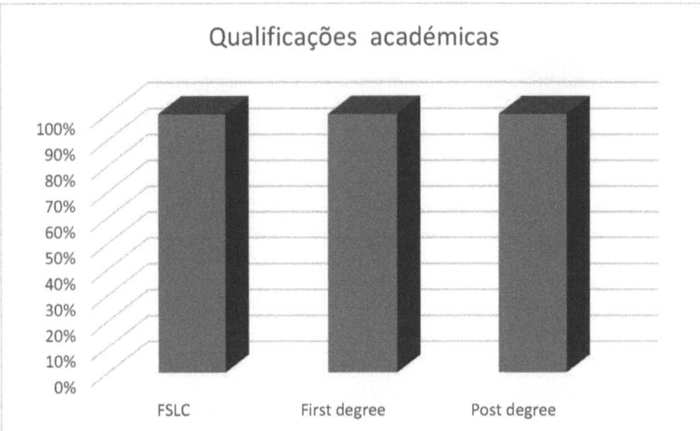

Figura 4.4: Habilitações literárias da amostra

A Tabela 4.2 e a Figura 3 mostram que 110 inquiridos (55,83%) são licenciados em Direito; 54 inquiridos (27,41%) possuem o primeiro grau; 33 inquiridos (16,76%) possuem um diploma de pós-graduação.

Tabela 4.4: Perfil etário dos inquiridos

Variável	Frequência	Percentagem %
30-35	110	55.83
36-55	54	27.41
65 anos ou mais	33	16.76
Total	197	100

Fonte: Inquérito de campo 2023

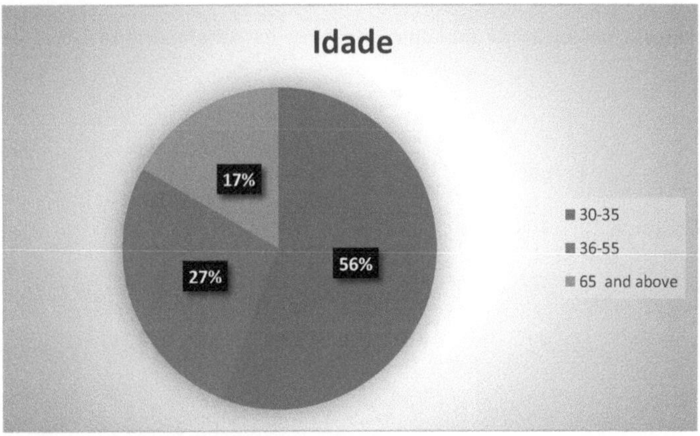

Figura 4.4: Idade da amostra

A Tabela 4.2 e a Figura 4 mostram que 110 inquiridos (55,83%) tinham entre 30 e 35 anos; 54 inquiridos (27,41%) tinham entre 36 e 55 anos; 33 inquiridos (16,76%) tinham 65 anos ou mais.

Questão de investigação 1: Quais são as percepções das comunidades locais, dos agricultores e das partes interessadas relativamente ao impacto ambiental dos incidentes de derrame de petróleo associados à produção de mandioca na área da administração local de Oguta?

Quadro 4.1.2 Respostas sobre as percepções das comunidades locais, dos agricultores e das partes interessadas relativamente ao impacto ambiental dos incidentes de derrame de petróleo associados à produção de mandioca na Área da Administração Local de Oguta

Resposta	Frequência	Percentagem	Percentagem válida	Percentagem acumulada
Válido Concordo totalmente	108	56.25	56.25	56.25
De acordo	42	21.31	21.31	21.31
Não concordo	27	13.70	13.70	13.70
Discordo	20	08.74	08.74	08.74
Discordo totalmente				
Total	197	100	100	100

Fonte: Dados do inquérito do investigador (2023)

O quadro acima revela as respostas dadas relativamente às percepções das comunidades locais, dos agricultores e das partes interessadas sobre o impacto ambiental dos incidentes de derrame de petróleo associados à produção de mandioca na Área da Administração Local de Oguta. Dos 197 inquiridos, 108 inquiridos, representando 56,25%, responderam que concordam fortemente que os derrames de petróleo estão diretamente relacionados com os impactos ambientais na produção de mandioca na área de estudo. Do mesmo modo, 42 inquiridos, representando 21,13%, concordaram que os derrames de petróleo afectam o ambiente da produção de mandioca na área de estudo. No entanto, 27 inquiridos, representando 13,70%, discordaram do facto de o derrame de petróleo provocar impactos ambientais na área de estudo. Seguiram-se 20 inquiridos, representando 8,74%, que discordaram fortemente do facto de a maré negra estar relacionada com os impactos ambientais na Área da Administração Local de Oguta.

Questão de investigação 2: Qual é a perceção dos produtores de mandioca e das partes interessadas em relação às perdas económicas resultantes dos incidentes de derrame de petróleo na área da administração local de Oguta?

Quadro 4.1.3 Taxa de resposta sobre o modo como os produtores de mandioca e as partes interessadas percepcionam as perdas económicas resultantes dos incidentes de derrame de petróleo na área da administração local de Oguta

Resposta		Frequência	Percentagem	Percentagem válida	Percentagem acumulada
Válido	Concordo	106	53.80	53.80	53.80
totalmente		42	21.31	21.31	21.31
	Concordar	27	13.70	13.70	13.70
	Não concordo	22	11.19	11.19	11.19
	Discordo	197	100	100	100
totalmente					
Total					

Fonte: Dados do inquérito do investigador (2023)

O quadro acima revela a taxa de respostas dadas relativamente à perceção dos agricultores e das partes interessadas sobre as perdas económicas decorrentes da produção de mandioca em resposta ao derrame de petróleo na Área Governamental Local de Oguta do Estado de Imo. Dos 197 inquiridos, 106 inquiridos, representando 53,80%, deram uma resposta de forte concordância sobre o impacto económico negativo decorrente da produção de mandioca devido ao derrame de petróleo na área de estudo . Do mesmo modo, 42 inquiridos, representando 21,13%, concordaram com o impacto económico negativo decorrente da produção de mandioca devido ao derrame de petróleo na área de estudo. No entanto, 27 inquiridos, representando 13,70%, discordaram de qualquer impacto económico negativo decorrente da produção de mandioca devido ao derrame de petróleo na área de estudo. Seguiram-se 22 inquiridos, representando 11,19%, que discordaram fortemente de conhecer qualquer impacto económico negativo decorrente da produção de mandioca devido ao derrame de petróleo na área de estudo.

Questão de investigação 3: Os agricultores e as comunidades locais da área governamental local de Oguta consideram que o consumo de produtos de mandioca provenientes de explorações afectadas por derrames de petróleo tem implicações para a segurança e a saúde?

Quadro 4.1.4 Taxa de resposta sobre a perceção das implicações para a segurança e a saúde do consumo de produtos de mandioca provenientes de explorações agrícolas afectadas por derrames de petróleo entre os agricultores e as comunidades locais da Área Governamental Local de Oguta.

Resposta		Frequência	Percentagem	Percentagem válida	Percentagem acumulada
Válido	Concordo	86	43.65	43.65	43.65
totalmente		62	31.48	31.48	31.48
	Concordo	47	23.86	23.86	23.86
	Não concordo	2	1.01	1.01	1.01
	Discordo	197	100	100	100
totalmente					
Total					

Fonte: Dados do inquérito do investigador (2023)

O quadro acima revela a taxa de respostas dadas sobre a perceção das implicações para a segurança e a saúde do consumo de produtos provenientes das terras agrícolas afectadas pelo derrame de petróleo na área da administração local de Oguta. Dos 197 inquiridos, 86 inquiridos, representando 43,65%, deram uma resposta de forte concordância sobre a perceção das implicações para a segurança e a saúde do consumo de produtos de mandioca provenientes das terras agrícolas afectadas pelo derrame de petróleo na área da administração local de Oguta. Do mesmo modo, 62 inquiridos, representando 31,48%, concordaram que existem implicações para a segurança e a saúde do consumo de produtos de mandioca provenientes de terrenos agrícolas derramados com petróleo na área da administração local de Oguta. No entanto, 47 inquiridos, representando 23,86%, discordaram da perceção das implicações para a segurança e a saúde do consumo de produtos de mandioca provenientes de terrenos agrícolas derramados com petróleo na Área da Administração Local de Oguta. Seguiram-se 2 inquiridos, representando 1,01%, que discordaram fortemente da perceção das implicações para a segurança e a saúde do consumo de produtos de mandioca provenientes de terras agrícolas derramadas com petróleo na Área da Administração Local de Oguta.

Questão de investigação 4: Como é que os produtores de mandioca e as comunidades locais percepcionam as perturbações sociais e culturais resultantes dos incidentes de derrame de petróleo na Área Governamental Local de Oguta?

Tabela 4.1.5 Taxa de resposta em como os produtores de mandioca e as comunidades locais percepcionam as perturbações sociais e culturais resultantes dos incidentes de derrame de petróleo na Área Governamental Local de Oguta

Resposta		Frequência	Percentagem	Percentagem válida	Percentagem acumulada
Válido	Concordo totalmente	108	56.25	56.25	56.25
	De acordo	42	21.31	21.31	21.31
	Não concordo	27	13.70	13.70	13.70
	Discordo totalmente	20	08.74	08.74	08.74
	Total	197	100	100	100

Fonte: Dados do inquérito do investigador (2023)

O quadro acima revela a taxa de respostas dadas sobre a perceção dos produtores de mandioca e das comunidades locais relativamente às perturbações das actividades sociais e culturais resultantes dos incidentes de derrame de petróleo na Área da Administração Local de Oguta. Dos 197 inquiridos, 108 inquiridos, representando 56,25%, concordaram fortemente que os incidentes de derrame de petróleo perturbam as actividades sociais e culturais nas localidades afectadas pelo derrame na Área da Administração Local de Oguta.

Do mesmo modo, 42 inquiridos, representando 21,31%, concordaram com as perturbações sociais e culturais causadas pelo derrame de petróleo na Área da Administração Local de Oguta. No entanto, 27 inquiridos, representando 13,70%, discordaram, afirmando que o derrame de petróleo não perturba quaisquer práticas sociais e culturais da área de estudo. Seguiram-se 20 inquiridos, representando 8,74%, que discordaram fortemente da ideia de que a maré negra provocou a perturbação das actividades sociais e culturais na Área da Administração Local de Oguta.

Questão de investigação 5: Os produtores de mandioca e as comunidades locais sofrem de problemas de saúde mental ou psicológica em consequência da ocorrência de derrames de petróleo na área da administração local de Oguta?

Quadro 4.1.6 Taxa de resposta sobre a perceção da saúde mental e psicológica sofrida pelos produtores de mandioca e pelas comunidades locais em consequência da ocorrência de derrames de petróleo na Área da Administração Local de Oguta.

	Resposta	Frequência	Percentagem	Percentagem válida	Percentagem acumulada
Válido	Concordo totalmente	86	43.65	43.65	43.65
	De acordo	62	31.48	31.48	31.48
	Não concordo	47	23.86	23.86	23.86
	Discordo totalmente	2	1.01	1.01	1.01
	Total	197	100	100	100

Fonte: Dados do inquérito do investigador (2023)

O quadro acima revela a taxa de respostas dadas relativamente à perceção das consequências mentais e psicológicas sofridas pelos produtores de mandioca e pelas comunidades locais devido à ocorrência de derrames de petróleo na área da administração local de Oguta. Dos 197 inquiridos, 86 inquiridos, representando 43,65%, deram uma resposta de forte concordância sobre a perceção da existência de consequências mentais ou psicológicas sofridas pelos produtores de mandioca e pelas comunidades locais devido a ocorrências de derrames de petróleo na Área da Administração Local de Oguta. Do mesmo modo, 62 inquiridos, representando 31,48%, concordaram com a existência de consequências mentais ou psicológicas sofridas pelos produtores de mandioca e pelas comunidades locais devido à ocorrência de derrames de petróleo na área de estudo. No entanto, 47 inquiridos, representando 23,86%, discordaram da existência de quaisquer consequências mentais ou psicológicas sofridas pelos produtores de mandioca e pelas comunidades locais devido a derrames de petróleo na área de estudo. Seguiram-se 2 inquiridos, representando 1,01%, que discordaram fortemente de que os derrames de petróleo não provocam, de forma alguma, consequências mentais ou psicológicas nos produtores de mandioca e nas comunidades locais da Área da Administração Local de Oguta.

4.2 Teste de hipóteses

O estudo foi testado através do Coeficiente de Correlação do Momento do Produto de Pearson, com o auxílio do SPSS, versão 20.0. O quadro de decisão de correlação de Dana (2001) foi utilizado para interpretar os resultados das hipóteses testadas.

O quadro de decisão de correlação inclui;

a) $\pm$ 0,00 - 0,19 (muito fraco)

b) $\pm$ 0,20 - 0,39 (fraco)

c) $\pm$ 0,40 - 0,59 (moderado)

d) $\pm$ 0,60 - 0,79 (forte)

e) $\pm$ 0,80 - 0,99 (muito forte)

f) $\pm$ 1 (perfeito).

Ho_1 : Não existe uma relação significativa entre as percepções das comunidades locais, dos agricultores e das partes interessadas relativamente ao impacto ambiental dos incidentes de derrame de petróleo associados à produção de mandioca na área da administração local de Oguta.

Quadro 4.2.1A: Estatísticas descritivas

Variáveis	Média	Desvio padrão
Impacto ambiental	0.1384	0.107
Derrame de petróleo	13.233	1.017
Termo de erro	0.5242	0.138

O resultado da estatística descritiva forneceu a média e o desvio padrão para cada variável do derrame de petróleo diretamente correlacionada com o impacto ambiental associado à produção de mandioca na Área Governamental Local de Oguta.

A partir dos valores do Quadro 4.2.1 A acima, o valor médio do derrame de petróleo em correlação direta com os impactos ambientais na produção de mandioca na Área da Administração Local de Oguta é de 0,1384 e com um desvio padrão de 0,107. O derrame de petróleo deu um valor médio de 13,233 e um desvio-padrão de 1,017. O quadro também indicou uma diferença entre o valor médio das alterações na produção e o termo de erro como 0,5242 e 13,233, respetivamente; enquanto o desvio padrão do termo de erro é 0,138.

Tabela 4.2.1B: Correlação

Variáveis	Correlação de Pearson	Significativo
Impacto ambiental	0.728	0.000
Derrame de petróleo	0.500	0.000

O quadro 4.4.1B indica que existe uma relação significativa entre a incidência de derrames de petróleo e os impactos ambientais na produção de mandioca na área da administração local de Oguta.

Quadro 4.2.1C: Análise de regressão

Variáveis	Erro padrão	Beta	Valor T	Valor de p
(Constante)				
Impactos ambientais	0.009	0.023	2.002	0.005
Derrame de petróleo	0.021	-0.031	-1.004	0.500

Outros valores da Análise de Regressão

Estatísticas	Valor
R^2	0.761
R ajustado^2	0.723
Valores Explicados por outras variáveis	23.9%
Estatísticas F	80.109
Prob (Estatística F)	0.000

Os resultados da análise de regressão acima referidos revelam que as incidências de derrames de petróleo em correlação direta com os impactos ambientais associados à produção de mandioca na Área Governamental Local de Oguta estão positivamente relacionadas. R^2 revela que apenas 76,1% das variações na variável independente de alterações na produção de mandioca na área de estudo são explicadas pelas variações na variável dependente de derrame de petróleo. Isto implica que os restantes 23,9% são explicados por outras variáveis não incluídas no modelo. Assim, uma vez que a variável de explicação é superior a 50%, isso mostra que o modelo tem um bom ajuste. O valor R^2 ajustado de 72,3% é ligeiramente inferior ao R^2 de 76,1%. A estatística F mostra a validade do modelo, uma vez que o seu valor de 80,109 é muito superior ao seu valor Prob (estatística F) de 0,000. Assim, na nossa primeira hipótese, supomos que não existe uma relação significativa entre as incidências de derrames de petróleo em correlação direta com os impactos ambientais na produção de mandioca na Área da Administração Local de Oguta. O resultado da correlação mostra uma correlação forte e positiva de 0,728, com um valor p de 0,500 significativo a apenas 0,05%, o que implica que quanto mais aumentam os derrames de petróleo, mais aumentam os impactos ambientais inerentes à produção de mandioca na área de estudo. Por conseguinte, a hipótese nula é rejeitada, enquanto a hipótese alternativa é aceite. Assim, podemos afirmar que existe uma relação significativa entre a incidência de derrames de petróleo e os impactos ambientais associados à produção de mandioca na área da administração local de Oguta.

Ho_2 : Não existe uma relação significativa entre as perdas económicas dos produtores de mandioca e das partes interessadas resultantes de incidentes de derrame de petróleo na área da administração local de Oguta.

Quadro 4.2.2A: Estatísticas descritivas

Variáveis	Média	Desvio padrão
Perdas económicas	0.1350	0.1340
Derrame de petróleo	10.0160	1.1340
Termo de erro	0.5248	0.6230

Os resultados das estatísticas descritivas para cada variável são apresentados no quadro 4.4.2A acima. O valor médio do declínio da produção de mandioca como perda económica com o aumento da incidência de derrames de petróleo é de 0,1350 e o valor do desvio padrão é de 0,1340. O derrame de petróleo deu um valor médio de 10,0160 e um desvio padrão de 1,1340. Estes resultados revelaram diferenças entre a média da maré negra e o termo de erro. Os valores médios e o desvio padrão para o termo de erro são 0,5248 e 0,6230, respetivamente.

Quadro 4.2.2B: Correlação

Variáveis	Correlação de Pearson	Significativo
Perdas económicas	0.730	0.000
Derrame de petróleo	-0.511	0.000

O quadro 4.2.2B revelou uma relação significativa entre as perdas económicas das comunidades e dos agricultores devido ao derrame de petróleo e a produção de mandioca na área da administração local de Oguta, com um valor significativo de 0,000.

Tabela 4.2.2C: Análise de regressão

Variáveis	Erro padrão	Beta	Valor T	Valor de p
(Constante)				
Perdas económicas	0.014	0.027	2.014	0.005
Derrame de petróleo	0.021	-0.034	-1.044	-0.050

Outros valores da Análise de Regressão

Estatísticas	Valor
R^2	0.784
R ajustado^2	0.744
Valores Explicados por outras variáveis	21.6%
Estatísticas F	80.121
Prob (Estatística F)	0.000

A análise de regressão acima apresentada revela a relação entre as perdas económicas associadas à produção de mandioca e a ocorrência de derrames de petróleo. O resultado revela que as perdas económicas associadas à produção de mandioca e ao derrame de petróleo estão positivamente ligadas. O R-quadrado mostra que apenas 78,4% das variações na variável independente das perdas económicas na produção de mandioca são explicadas pelas diferenças na variável dependente dos derrames de petróleo. Isto mostra que 21,6% são explicados por outras variáveis não indicadas no modelo. Assim, a variável de explicação, que é superior a 50%, revela que o modelo tem um bom ajuste. O valor R-Squared ajustado de 74,4% é um pouco inferior ao valor R-Squared de 78,4%. A estatística F revela a validade do modelo, uma vez que o seu valor de 80,128 é superior ao seu valor Prob (estatística F) de 0,000. Além disso, a partir do resultado da ferramenta estatística do coeficiente de correlação do momento do produto de Pearson utilizada para testar a segunda hipótese, obteve-se um valor de 0,730, o que revela uma correlação forte e positiva entre as perdas económicas na produção de mandioca e os derrames de petróleo, com p= -0,50 a um nível de significância de 5%. Consequentemente, a hipótese nula é rejeitada a favor da hipótese alternativa. Assim, podemos afirmar que existe uma relação significativa entre as perdas económicas na produção de mandioca e os derrames de petróleo. O resultado do teste confirma que o derrame de petróleo pode influenciar grandemente as perdas económicas associadas à produção de mandioca na área de estudo.

H_{o3} : **Não existe uma relação significativa entre a perceção da segurança e as implicações para a saúde do consumo de produtos de mandioca provenientes de explorações afectadas por derrames de petróleo entre os agricultores e as comunidades locais na área da administração local de Oguta.**

Tabela 4.2.3A: Estatísticas descritivas

Variáveis	Média	Desvio padrão
Implicações para a segurança e a saúde	0.1180	0.120
Derrame de petróleo	10.630	1.095
Termo de erro	0.5095	0.435

A estatística descritiva nesta secção revela a média e o desvio padrão para cada variável das implicações para a segurança e a saúde do consumo de produtos derivados da mandioca devido ao derrame de petróleo na Área da Administração Local de Oguta. A partir dos valores do Quadro 4.2.3A acima, as implicações para a segurança e a saúde do consumo de produtos relacionados com a mandioca provenientes da área de estudo de Oguta, na zona governamental local, têm um valor médio de 0,1180 e um valor de desvio-padrão de 0,120. A produção de mandioca apresentou um valor médio de 10,630 e um desvio-padrão de 1,095. Além disso, o quadro indica uma diferença entre os valores médios do derrame de óleo e do termo de erro de 10,630 e 0,5095, respetivamente; enquanto o desvio padrão do termo de erro é de 0,435.

Quadro 4.2.3B: Correlação

Variáveis	Correlação de Pearson	Significativo
Implicações para a segurança e a saúde	0.740	0.000
Derrame de petróleo	-0.500	0.000

A Tabela 4.2.3B acima indicou uma relação significativa entre as implicações de segurança e saúde decorrentes do consumo de produtos de mandioca e as ocorrências de derramamento de óleo.

Tabela 4.2.3C: Análise de regressão

Variáveis	Erro padrão	Beta	Valor T	Valor de p
(Constante)				
Implicações para a segurança e a saúde	0.006	0.0242	2.033	0.005
Derrame de petróleo	0.013	-0.031	-1.012	-0.051

Outros valores da Análise de Regressão

Estatísticas	Valor
R^2	0.786
R ajustado^2	0.748
Valores Explicados por outras variáveis	21.4%
Estatísticas F	80.132
Prob (Estatística F)	0.000

O resultado da análise de regressão acima referida revela as implicações para a segurança e a saúde dos agricultores e das comunidades locais do consumo de produtos de mandioca provenientes de locais onde houve derrame de petróleo na área de estudo da Região Administrativa Local de Oguta. O resultado mostra que existe uma relação positiva entre as implicações para a segurança e a saúde dos agricultores e das comunidades locais do consumo de produtos de mandioca devido a derrames de petróleo na área de estudo. O R^2 indica que apenas 78,6% das variações na variável independente dos riscos para a saúde dos agricultores, das comunidades e do público são explicadas pelas variações na variável dependente da produção de mandioca. Isto implica que os restantes 21,4% são explicados por outras variáveis não incluídas no modelo. Consequentemente, como a variável de explicação é superior a 50%, isso mostra que o modelo tem um bom ajuste. O valor R^2 ajustado de 74,8% é ligeiramente inferior ao R^2 de 78,6%. A estatística F mostra a validade do modelo, uma vez que o seu valor de 80,132 é muito superior ao seu valor Prob (estatística F) de 0,000. Assim, na nossa terceira hipótese acima, assumimos que não existe uma relação significativa entre as implicações para a segurança e a saúde dos agricultores e das comunidades locais devido ao consumo de produtos de mandioca provenientes da área de estudo afetada da Área da Administração Local de Oguta. O resultado da correlação mostra uma correlação positiva de 0,740, com um valor p de -0,501 significativo a apenas 0,05%, o que significa que há mais implicações para a segurança e a saúde devido ao maior número de ocorrências de derrames de petróleo registadas na área de estudo, o que parece perigoso. Por conseguinte, a hipótese nula é rejeitada, enquanto a hipótese alternativa é aceite. Assim, podemos afirmar que existe uma relação significativa entre as implicações para a segurança e a saúde dos agricultores e das comunidades locais através do consumo de produtos relacionados com a mandioca obtidos nos locais onde se registaram derrames de petróleo na área de estudo da Área da Administração Local de Oguta.

Ho_4 : Não existe uma relação significativa entre as percepções dos produtores de mandioca e das comunidades locais relativamente às perturbações sociais e culturais resultantes de incidentes de derrame de petróleo na área da administração local de Oguta.

Quadro 4.2.4A: Estatísticas descritivas

Variáveis	Média	Desvio padrão
Perturbação social e cultural	0.1310	0.111
Derrame de petróleo	13.210	1.021
Termo de erro	0.5235	0.125

Os resultados da estatística descritiva forneceram a média e o desvio padrão de cada variável para as formas como um derrame de petróleo afecta as perturbações sociais e culturais das comunidades locais e dos produtores de mandioca. A partir dos valores do Quadro 4.2.4A acima, o valor médio das formas como o derrame de petróleo afecta as práticas sociais e culturais dos produtores de mandioca e das comunidades locais no que diz respeito à cultura da mandioca na área de estudo é de 0,1310 e tem também um desvio padrão de 0,111. O derrame de petróleo deu um valor médio de 13,210 e um desvio padrão de 1,021. O quadro também indica uma diferença entre o valor médio do derrame de óleo e do termo de erro de 0,5235 e 13,210, respetivamente, enquanto o desvio-padrão do termo de erro é de 0,125.

Tabela 4.4.4B: Correlação

Variáveis	Correlação de Pearson	Significativo
Perturbações sociais e culturais	0.750	0.000

Derrame de petróleo	0.500	0.000

O quadro 4.2.4B indica uma relação significativa entre as perturbações sociais e culturais das comunidades locais e dos produtores de mandioca devido à ocorrência de derrames de petróleo.

Tabela 4.2.4C: Análise de regressão

Variáveis	Erro padrão	Beta	Valor T	Valor de p
(Constante)				
Perturbações sociais e culturais	0.011	0.025	2.012	0.005
Derrame de petróleo	0.024	-0.033	-1.004	0.500

Outros valores da Análise de Regressão

Estatísticas	Valor
R^2	0.771
R ajustado^2	0.723
Valores Explicados por outras variáveis	22.9%
Estatísticas F	80.109
Prob (Estatística F)	0.000

Os resultados da análise de regressão acima referidos revelam a perceção das perturbações nas práticas sociais e culturais das comunidades locais e dos produtores de mandioca devido à ocorrência de derrames de petróleo. Os resultados mostram que as perturbações sociais e culturais e os derrames de petróleo estão positivamente relacionados. O R^2 revela que apenas 77,1% das variações na variável independente das perturbações sociais e culturais são explicadas pelas variações na variável dependente do derrame de petróleo. Isto implica que os restantes 23,9% são explicados por outras variáveis não incluídas no modelo. Assim, uma vez que a variável de explicação é superior a 50%, isso mostra que o modelo tem um bom ajuste. O valor R^2 ajustado de 72,3% é ligeiramente inferior ao R^2 de 77,1%. A estatística F mostra a validade do modelo, uma vez que o seu valor de 80,109 é muito superior ao seu valor Prob (estatística F) de 0,000. Assim, na nossa quarta hipótese, partimos do princípio de que não existe uma relação significativa entre as perturbações sociais e culturais e o derrame de petróleo. O resultado da correlação mostra uma correlação forte e positiva de 0,750, com um valor p de 0,500 significativo a apenas 0,05%, o que significa que quanto maior for o número de incidências de derrames de petróleo, mais fortes serão as perturbações das práticas sociais e culturais das comunidades locais e dos produtores de mandioca na área de estudo da Área da Administração Local de Oguta. Por conseguinte, a hipótese nula é rejeitada, enquanto a hipótese alternativa é aceite. Assim, podemos afirmar que existe uma relação significativa entre as perturbações sociais e culturais das comunidades locais e dos produtores de mandioca e as ocorrências de derrame de petróleo.

Ho_5 : Não existe uma relação significativa entre a perceção dos produtores de mandioca e das comunidades locais sobre a saúde psicológica em resultado da ocorrência de derrames de petróleo na área da administração local de Oguta.

Quadro 4.2.5A: Estatísticas descritivas

Variáveis	Média	Desvio padrão
Saúde psicológica	0.1325	0.1330
Derrame de petróleo	10.0170	1.1340
Termo de erro	0.5238	0.6230

Os resultados das estatísticas descritivas para cada variável são apresentados na tabela 4.4.5A acima. O valor médio do padrão climático é 0,1325 e o valor do desvio padrão é 0,1330. O derrame de petróleo apresentou um valor médio de 10,0170 e um desvio padrão de 1,1340. Estes resultados revelaram diferenças entre a média da maré negra e o termo de erro. Os valores médios e o desvio padrão para o termo de erro são 0,5238 e 0,6230, respetivamente.

Quadro 4.2.5B: Correlação

Variáveis	Correlação de Pearson	Significativo
Saúde psicológica	0.755	0.000
Derrame de petróleo	-0.511	0.000

A Tabela 4.2.5B acima revelou uma relação significativa entre a saúde psicológica e as ocorrências de derrames de petróleo com um valor significativo de 0,000.

Tabela 4.2.5C: Análise de regressão

Variáveis	Erro padrão	Beta	Valor T	Valor de p
(Constante)				
Saúde psicológica	0.017	0.029	2.019	0.005
Derrame de petróleo	0.024	-0.032	-1.042	-0.050

Outros valores da Análise de Regressão

Estatísticas	Valor
R^2	0.794
R ajustado^2	0.744
Valores Explicados por outras variáveis	20.6%
Estatísticas F	80.121
Prob (Estatística F)	0.000

A análise de regressão acima apresentada revela a relação entre a saúde psicológica dos habitantes locais e dos agricultores e o derrame de petróleo. O resultado revela que os sentimentos e as preocupações psicológicas e os derrames de petróleo estão positivamente ligados. O R-quadrado mostra que apenas 79,4% das variações na variável independente do padrão climático são explicadas pelas diferenças na variável dependente da produção de mandioca. Isto mostra que 20,6% são explicados por outras variáveis não indicadas no modelo. Assim, a variável de explicação, que é superior a 50%, revela que o modelo tem um bom ajuste. O valor do R-Squared ajustado de 74,4% é um pouco inferior ao valor do R-Squared de 79,4%. A estatística F revela a validade do modelo, uma vez que o seu valor de 80,128 é superior ao seu valor Prob (estatística F) de 0,000. Além disso, a partir do resultado da ferramenta estatística do coeficiente de correlação do momento do produto de Pearson utilizada para testar a quinta hipótese, obteve-se um valor de 0,755, o que revela uma correlação forte e positiva entre a saúde psicológica e o derrame de petróleo com p= -0,50 a um nível de significância de 5%. Consequentemente, a hipótese nula é rejeitada a favor da hipótese alternativa. Assim, podemos afirmar que existe uma relação significativa entre a saúde psicológica devido ao derrame de petróleo e a diminuição da produção de mandioca na zona de estudo. O resultado do teste confirma que a saúde psicológica ocasionada pela ocorrência de derrames de petróleo pode influenciar negativamente a produção de mandioca na área de estudo.

4.3 Resumo das constatações (resultados)

1. Existe uma relação significativa entre as percepções das comunidades locais, dos agricultores e das partes interessadas no que respeita ao impacto ambiental e aos incidentes de derrame de petróleo associados à produção de mandioca na área da administração local de Oguta, no Estado de Imo.
2. Existe uma relação significativa entre a perceção de perdas económicas significativas registadas pelos produtores de mandioca e pelas partes interessadas no que se refere à produção de mandioca e aos incidentes de derrame de petróleo na área da administração local de Oguta do Estado de Imo.
3. Existe uma relação significativa entre a perceção da segurança e das implicações para a saúde do consumo de produtos de mandioca provenientes de explorações agrícolas afectadas por derrames de petróleo por parte dos agricultores e das comunidades locais e os incidentes de derrame de petróleo no Governo Local de Oguta do Estado de Imo.
4. Existe uma relação significativa entre a perceção dos produtores de mandioca e das comunidades locais relativamente às perturbações sociais e culturais e aos incidentes de derrame de petróleo na Administração Local de Oguta do Estado de Imo.
5. Existe uma relação significativa entre a saúde mental ou psicológica dos produtores de mandioca e das comunidades locais e os incidentes de derrame de petróleo na área da administração local de Oguta do Estado de Imo.

4.4 Discussão dos resultados

H_{01} : Relação entre os incidentes de derrame de petróleo e a perceção dos produtores de mandioca, das comunidades locais e das partes interessadas relativamente ao impacto ambiental do derrame de petróleo associado à produção de mandioca na Área Governamental Local de Oguta.

A hipótese 1 procurava avaliar a relação entre a perceção dos impactos ambientais na produção de mandioca e a incidência de derrames de óleo. O resultado estatístico mostra que existe uma relação significativa entre os impactos ambientais na produção de mandioca e os derrames de petróleo ($r = 0{,}761$). Esta constatação corrobora a opinião de (Asuka, 2010), segundo a qual os pedidos de indemnização por danos resultantes da poluição petrolífera ou da degradação ambiental não são pagos e, mais tarde, tornam-se questões jurídicas entre as empresas petrolíferas e as comunidades, se por acaso se voltarem a encontrar. Se os pedidos de indemnização tiverem de ser pagos, os membros da comunidade considerarão os montantes como um insulto à sua inteligência.

De um modo geral, a discussão das conclusões sublinha a necessidade urgente de medidas proactivas para fazer face aos impactos ambientais relacionados com os incidentes de derrame de petróleo nas zonas de produção de mandioca. A colaboração entre as partes interessadas, incluindo agricultores, agências governamentais, organizações ambientais e o público, é essencial para desenvolver e implementar estratégias abrangentes de conservação ambiental e agricultura sustentável.

O estudo concluiu que tanto os agricultores como o público têm impactos ambientais significativos relacionados com os incidentes de derrames de petróleo nas zonas de produção de mandioca. Os participantes também consideram que os derrames de petróleo prejudicam a qualidade do solo, as massas de água, a qualidade do ar e a saúde geral do ecossistema. Risco para as terras agrícolas É provável que os agricultores manifestem preocupação com o impacto a longo prazo dos derrames de petróleo nas suas terras agrícolas. A contaminação por petróleo pode levar à degradação do solo, reduzindo a fertilidade e a produtividade ao longo do tempo. Os agricultores preocupam-se com a sua capacidade de manter o cultivo da mandioca nas zonas afectadas e com a potencial perda de meios de subsistência. Tanto os agricultores como o público manifestaram a sua preocupação com a contaminação da água resultante dos derrames de petróleo. O petróleo pode infiltrar-se nas massas de água, contaminando as fontes de água potável e afectando os ecossistemas aquáticos. Os participantes receiam a perda de acesso a água potável para irrigação, uso doméstico e actividades de pesca. Os derrames de petróleo também contribuem para a poluição atmosférica através da libertação de compostos orgânicos voláteis e outras substâncias perigosas. Os participantes manifestaram a sua preocupação com os riscos para a saúde respiratória e a degradação da qualidade do ar nas comunidades próximas dos locais de derrame de petróleo. Os participantes reconheceram os impactos ecológicos mais vastos dos derrames de petróleo na biodiversidade e nos habitats naturais. A contaminação por hidrocarbonetos pode prejudicar as espécies vegetais e animais, perturbar as cadeias alimentares e degradar os ecossistemas. Os agricultores e o público expressaram a sua preocupação com a perda de biodiversidade e de serviços ecossistémicos nas áreas afectadas. As preocupações ambientais relacionadas com os incidentes de derrame de hidrocarbonetos estendem-se à saúde e ao bem-estar da comunidade. Os participantes preocupam-se com os potenciais efeitos para a saúde da exposição a solos, água e ar contaminados por hidrocarbonetos. Bem como preocupações com o stress psicológico e a ansiedade associados à vida em ambientes afectados por derrames de petróleo. Os resultados destacam a importância de implementar medidas robustas de proteção ambiental para prevenir e mitigar os impactos dos derrames de petróleo nas áreas de produção de mandioca. Os participantes enfatizaram a necessidade de regulamentos mais rigorosos, esforços eficazes de limpeza e remediação, e práticas agrícolas sustentáveis para salvaguardar o ambiente e a saúde pública.

H_{02} : Relação entre o derrame de petróleo e a perceção dos produtores de mandioca e das partes interessadas no que respeita às perdas económicas resultantes da produção de mandioca na Área Governamental Local de Oguta.

A hipótese 2 foi formulada para avaliar a relação entre o derrame de petróleo e a perceção dos agricultores e das partes interessadas relativamente às perdas económicas resultantes da produção de mandioca na área de estudo. O resultado estatístico mostra que existe uma relação significativa entre a maré negra e as perdas económicas associadas à produção de mandioca na zona de estudo (r = 0,784).

Esta conclusão é corroborada pela apresentação de Julius et al (2011), "Os derrames de petróleo contribuem para a pobreza". O estudo concluiu que os incidentes de derrame de petróleo têm um impacto negativo significativo no rendimento e na produtividade da mandioca. A contaminação por petróleo pode levar à degradação do solo e à redução da fertilidade, prejudicando o crescimento e o desenvolvimento das plantas de mandioca. Em consequência, os agricultores registam uma diminuição do rendimento e colheitas de mandioca de menor qualidade, o que conduz a perdas económicas. Os derrames de petróleo provocam uma diminuição do rendimento agrícola dos produtores de mandioca. Com a redução dos rendimentos e da produtividade, os agricultores geram menos receitas com a venda de produtos de mandioca. Esta redução do rendimento tem implicações diretas nos meios de subsistência e no bem-estar financeiro das famílias de agricultores, em especial das que dependem fortemente do cultivo da mandioca como fonte de rendimento. Os incidentes de marés negras provocam igualmente um aumento dos custos de produção para os produtores de mandioca. Os agricultores têm de investir em recursos e factores de produção adicionais, como medidas de descontaminação dos solos, para atenuar os efeitos da contaminação por hidrocarbonetos e restaurar a fertilidade dos solos. Estas despesas adicionais podem sobrecarregar ainda mais os orçamentos agrícolas e reduzir a rendibilidade global. Os derrames de petróleo podem perturbar o acesso ao mercado e contribuir para a volatilidade dos preços no mercado da mandioca. Os produtos de mandioca contaminados podem ser objeto de restrições ou proibições nos mercados nacionais e internacionais devido a preocupações de segurança. Além disso, as flutuações da oferta e da procura de mandioca resultantes de incidentes com derrames de petróleo podem levar à instabilidade dos preços, afectando a capacidade dos agricultores de venderem os seus produtos a preços favoráveis. Os impactos económicos dos incidentes de derrame de petróleo na cultura da mandioca podem estender-se para além das consequências imediatas dos derrames. Os efeitos a longo prazo, como a degradação dos solos e a perda de confiança no mercado, podem ter consequências duradouras para a sustentabilidade económica dos produtores de mandioca. Os agricultores podem ter dificuldade em recuperar financeiramente e reconstruir as suas empresas na sequência de incidentes de derrame de petróleo. O estudo salientou o impacto desproporcionado dos incidentes de marés negras nos pequenos agricultores que dependem fortemente do cultivo da mandioca para a sua subsistência. Estes agricultores podem não ter fontes alternativas de rendimento e enfrentam uma maior vulnerabilidade aos choques económicos causados pelos derrames de petróleo. As conclusões sublinham a importância de compensar e apoiar os produtores de mandioca afectados por incidentes de derrame de petróleo. A assistência financeira, o apoio técnico e as iniciativas de reforço das capacidades podem ajudar os agricultores a recuperar das perdas económicas, a adotar práticas agrícolas sustentáveis e a diversificar as suas fontes de rendimento. De um modo geral, a discussão das conclusões salienta os desafios económicos significativos enfrentados pelos produtores de mandioca em resultado dos incidentes de derrame de petróleo. A resposta a estes desafios exige intervenções abrangentes destinadas a atenuar os impactos dos derrames de petróleo, a apoiar os agricultores afectados e a promover sistemas agrícolas resistentes e sustentáveis.

H_{03} : A relação entre a perceção da mandioca e das comunidades locais sobre as implicações para a segurança e a saúde do consumo de produtos de mandioca provenientes de explorações com derrames de petróleo e os incidentes de derrame de petróleo na Área Governamental Local de Oguta.

A hipótese 3 procurava avaliar a relação entre as implicações para a segurança e a saúde dos agricultores e das comunidades locais no que respeita ao consumo de produtos de mandioca provenientes de explorações com derrames de petróleo, com referência aos incidentes de derrame de petróleo na área de estudo. A análise estatística indica que existe uma relação significativa entre as implicações para a segurança e a saúde dos produtores de mandioca e das comunidades locais no que se refere ao consumo de produtos de mandioca provenientes de explorações com derrames de petróleo (r= 0,786). Esta constatação é apoiada por Harmanescu et al., 2011; Singh et al., 2010) "As culturas alimentares, como os legumes, os tubérculos e os cereais cultivados em solos afectados pelo petróleo bruto absorvem metais tóxicos do solo".

Esta constatação revelou que os incidentes de derrame de petróleo podem levar à contaminação dos produtos de mandioca com substâncias perigosas presentes no petróleo bruto, como os hidrocarbonetos aromáticos policíclicos (HAP) e os metais pesados. Estes contaminantes podem acumular-se nos tubérculos de mandioca e nos produtos transformados, representando riscos para a saúde dos consumidores. A presença de contaminantes relacionados com o petróleo nos produtos de mandioca pode ter efeitos adversos para a saúde dos consumidores. Os HAP e os metais pesados são conhecidos por serem cancerígenos e podem causar vários problemas de saúde, incluindo cancro, problemas respiratórios, perturbações neurológicas e problemas gastrointestinais. A exposição a estes contaminantes através do consumo de produtos de mandioca contaminados pode agravar estes riscos para a saúde. Os consumidores podem ser expostos a contaminantes relacionados com o óleo através de várias vias, incluindo a ingestão, a inalação e o contacto dérmico. A ingestão de produtos de mandioca contaminados é a principal via de exposição, especialmente para os indivíduos que consomem mandioca como alimento básico. A inalação de contaminantes transportados pelo ar durante a transformação dos alimentos e o contacto dérmico durante a manipulação e preparação dos produtos de mandioca são também vias potenciais de exposição. Certos grupos populacionais podem ser mais vulneráveis aos efeitos para a saúde do consumo de produtos de mandioca contaminados. As populações vulneráveis, como as mulheres grávidas, as crianças, os idosos e os indivíduos com problemas de saúde pré-existentes, podem correr um maior risco de sofrer efeitos adversos para a saúde devido à sua maior suscetibilidade aos contaminantes ambientais. As conclusões identificaram preocupações de segurança generalizadas e percepções negativas entre o público relativamente ao consumo de produtos de mandioca afectados por incidentes de derrame de petróleo. Os consumidores expressam medo, desconfiança e relutância em consumir produtos de mandioca provenientes de áreas contaminadas devido a preocupações com potenciais riscos para a saúde. As conclusões sublinham a importância de uma supervisão regulamentar sólida e de medidas de segurança alimentar para mitigar os riscos para a saúde associados aos produtos de mandioca contaminados. A monitorização, os testes e a aplicação efectiva das normas de segurança são essenciais para garantir a segurança e a integridade da cadeia de abastecimento alimentar e proteger a saúde pública. A comunicação transparente de informações sobre incidentes de derramamento de óleo, níveis de contaminação e medidas de mitigação de risco pode capacitar os consumidores a tomar decisões informadas sobre o consumo de alimentos e reduzir a exposição a contaminantes. De um modo geral, a discussão dos resultados sublinha a importância crítica de abordar os riscos para a saúde associados ao consumo de produtos de mandioca afectados por incidentes de derrame de petróleo. Os esforços de colaboração entre as agências governamentais, as autoridades sanitárias, os reguladores da segurança alimentar e as partes interessadas da comunidade são essenciais para proteger a saúde pública e garantir a segurança do abastecimento alimentar nas áreas afectadas.

H_{04} : Relação entre a perceção das preocupações com as perturbações sociais e culturais dos produtores de mandioca, dos habitantes locais e dos agricultores na cultura da mandioca e as ocorrências de derrames de petróleo na Área Governamental Local de Oguta.

A hipótese 4 procurava determinar a relação entre os efeitos do derrame de petróleo e a qualidade do solo em relação à produção de mandioca na zona de estudo. O resultado estatístico mostra que existe uma relação significativa entre os efeitos do derrame de petróleo na qualidade do solo em relação à produção de mandioca na área de estudo ($r = 0,771$). Esta conclusão corrobora as opiniões de (smith et al, 2016) Os derrames de petróleo podem resultar no encerramento de praias, parques, cursos de água e pesca recreativa e comercial. Também pode haver restrições à caça e à navegação.

As conclusões revelam que os incidentes de derrame de petróleo perturbam os meios de subsistência sociais e culturais dos produtores de mandioca e das comunidades locais nas comunidades afectadas por derrames de petróleo na área de estudo. Muitas comunidades em áreas como a Área Governamental Local de Oguta dependem da pesca, da agricultura e de outras actividades baseadas em recursos naturais como componentes integrais da sua identidade cultural e modo de vida. Os derrames de hidrocarbonetos têm impacto nestes meios de subsistência ao contaminarem as massas de água, as terras agrícolas e os recursos naturais, conduzindo a dificuldades económicas e à deslocação social. Os incidentes de derrame de hidrocarbonetos resultam na perda ou degradação do património cultural e das tradições. Por exemplo, as comunidades que têm práticas culturais de longa data relacionadas com a pesca ou a agricultura podem ver as suas tradições ameaçadas pelos danos ambientais causados pelos derrames de hidrocarbonetos. Esta perda de património cultural pode ter impactos sociais e psicológicos profundos nos membros da comunidade, afectando o seu sentido de identidade, pertença e ligação à terra. Os incidentes de derrame de hidrocarbonetos conduzem frequentemente a perturbações sociais e à rutura da coesão da comunidade. Os laços sociais e as redes que tradicionalmente apoiam a ação colectiva e o apoio mútuo podem ser afectados, agravando ainda mais as vulnerabilidades sociais. As conclusões sublinham a importância da sensibilidade cultural e da inclusão nos esforços de resposta e mitigação dos derrames de hidrocarbonetos. Reconhecer e respeitar as práticas culturais, os valores e os sistemas de conhecimento locais é essencial para conceber intervenções eficazes que respondam às necessidades e prioridades das comunidades afectadas. O envolvimento com os membros da comunidade de uma forma participativa e culturalmente adequada pode promover a confiança, a colaboração e soluções sustentáveis. De um modo geral, a discussão dos resultados realça a complexa interação entre os incidentes de derrame de petróleo, a dinâmica social e as práticas culturais das comunidades afectadas. A compreensão destas dinâmicas é crucial para o desenvolvimento de abordagens holísticas e específicas do contexto para os esforços de resposta, recuperação e reforço da resiliência aos derrames de hidrocarbonetos. Ao reconhecer e incorporar as perspectivas locais e os valores culturais, as partes interessadas podem trabalhar em colaboração para encontrar soluções sustentáveis que promovam o bem-estar ambiental e social nas zonas afectadas por derrames de hidrocarbonetos.

H_{05} : A relação entre a saúde mental ou psicológica dos produtores de mandioca e das comunidades locais com os incidentes de derrame de petróleo na área governamental local de Oguta?

A hipótese 5 foi formulada para avaliar a relação entre a saúde mental e psicológica dos produtores de mandioca e das comunidades locais em relação aos incidentes de derrame de petróleo na área da administração local de Oguta. O resultado estatístico mostra que existe uma relação significativa entre o derrame de petróleo e a influência negativa na saúde mental e psicológica dos produtores de mandioca e das comunidades locais na área de estudo ($r = 0{,}794$). Esta conclusão é apoiada por vários estudos em psicologia, tendo sido documentado que os residentes afectados pelo derrame são mais susceptíveis de se sentirem ansiosos, deprimidos, beberem mais e terem mais pensamentos suicidas do que os residentes não afectados após o evento (Gould et al., 2015; Cope et al., 2013; Lee e Blanchard, 2012; Gill et al., 2014; Palinkas, 1993). Os mecanismos subjacentes a estes resultados assentam na premissa de que as catástrofes perturbam a vida, o trabalho, a família e o envolvimento social dos participantes (Osofsky et al., 2011; Hansel et al., 2015), o que está positivamente associado ao sofrimento psicológico.

Esta constatação revela que os incidentes de derrame de petróleo desencadeiam um stress psicológico e uma ansiedade significativos entre os indivíduos afectados. Os membros da comunidade podem experimentar sentimentos de medo, incerteza e impotência ao confrontarem-se com os impactos imediatos e a longo prazo da contaminação ambiental na sua saúde, meios de subsistência e modo de vida. Os incidentes de derrame de hidrocarbonetos resultam em traumas e perturbações emocionais para os indivíduos e comunidades diretamente afectados pelo desastre. Testemunhar a devastação ambiental, a perda de meios de subsistência e a perturbação das redes sociais pode ter efeitos psicológicos profundos, conduzindo a sintomas como a depressão, a perturbação de stress pós-traumático

(PTSD) e sentimentos de luto e perda. Os indivíduos e as comunidades afectados por derrames de petróleo podem também ser estigmatizados e isolados da sociedade em geral. Também foram identificados casos em que os indivíduos afectados enfrentam discriminação, marginalização ou exclusão devido à perceção de contaminação ou associação com o desastre. Este estigma social pode exacerbar os sentimentos de vergonha, culpa e alienação, afectando ainda mais a saúde mental e o bem-estar. Os incidentes de derrame de hidrocarbonetos podem perturbar o sentido de lugar e de identidade das pessoas, em especial das comunidades profundamente ligadas ao ambiente afetado. Apesar dos desafios psicológicos colocados pelos incidentes de derrame de hidrocarbonetos, os indivíduos e as comunidades demonstram frequentemente resiliência e mecanismos de adaptação em resposta à adversidade. As conclusões sublinham a importância crucial de prestar apoio à saúde mental e serviços psicossociais aos indivíduos e comunidades afectados por incidentes de derrame de hidrocarbonetos. Intervenções de saúde mental acessíveis e culturalmente sensíveis, incluindo aconselhamento, terapia e grupos de apoio, são essenciais para lidar com os impactos psicológicos das catástrofes e promover a recuperação e a resiliência. De um modo geral, as conclusões sublinham a necessidade urgente de abordagens abrangentes para lidar com os impactos psicológicos dos incidentes de derrame de petróleo nos indivíduos e comunidades afectados. Ao reconhecer e abordar as preocupações psicológicas juntamente com as dimensões ambientais, económicas e sociais das catástrofes, as partes interessadas podem promover uma recuperação holística e esforços de construção de resiliência que dêem prioridade ao bem-estar de todos os afectados pelos incidentes de derrame de petróleo.

CAPÍTULO CINCO
RESUMO, CONCLUSÕES E RECOMENDAÇÕES

5.1 Resumo

O resultado da análise mostrou que as mulheres (57,36%) eram geralmente mais numerosas do que os homens (42,63%) na área de estudo, enquanto a idade predominante era de 30-35 anos (55,83%). Mais de metade (55,83%) dos inquiridos eram titulares de FSLC e a ocupação predominante era a cultura da mandioca, com 145 inquiridos, representando 73,60%, contra 52 inquiridos na função pública, representando 26,39%. Os titulares de FSLC, primeiro grau e pós-graduação constituíam 55,83%, 27,41% e 16,76%, respetivamente.

Os agricultores de mandioca constituíram 73,60% dos inquiridos, enquanto os funcionários públicos que também se dedicam a outras formas de actividades agrícolas para além da mandioca constituíram 23,39% dos inquiridos. O perfil etário dos inquiridos na frequência de 30-35 anos é de 55,83%, enquanto os de 36-55 anos representam 27,41%, enquanto os de 65 anos ou mais representam 16,76% e são os menos inquiridos.

A análise mostrou que existe uma relação significativa entre os derrames de petróleo e a perceção dos agricultores, das partes interessadas e das comunidades locais sobre os impactos ambientais resultantes da incidência de derrames de petróleo na área de estudo, uma vez que a hipótese alternativa é aceite, enquanto a hipótese nula é rejeitada, sendo que o resultado da correlação mostra uma correlação forte e positiva de 0,728 com um valor p de 0,500 significativo a apenas 0,05%, o que significa que quanto mais aumentam os derrames de petróleo, mais abundam os impactos ambientais na área de estudo.

Deduz-se também da análise a perceção dos agricultores, das partes interessadas e das comunidades locais em relação aos impactos económicos na produção de mandioca, dada a ocorrência de derrames de petróleo na área de estudo, uma vez que a hipótese alternativa é aceite em relação à hipótese nula, na medida em que o coeficiente de correlação de 0,730 foi obtido, mostrando uma correlação forte e positiva entre a produção de mandioca e a perceção dos impactos económicos dos derrames de petróleo, com p- -0,50 a um nível de significância de 5%. No teste da hipótese. O estudo confirma ainda a importância da relação entre as implicações relacionadas com a segurança e a saúde para os agricultores e as comunidades locais em relação ao derrame de petróleo na área de estudo, uma vez que a análise confirmou a aceitação da hipótese alternativa em relação à hipótese nula, sendo que os resultados da correlação indicam uma correlação positiva de 0,740 com um valor p de -0,501 significativo apenas a 0,05%, o que informa que quanto maior for o derrame de petróleo, maiores serão as implicações relacionadas com a segurança e a saúde para os agricultores de mandioca e as comunidades locais na área de estudo. Este estudo também informa sobre a importância das questões relacionadas com a saúde, tendo em conta o cultivo e a produção de mandioca e as incidências de derrames de petróleo, uma vez que a hipótese alternativa é aceite em vez da hipótese nula, pois os resultados da correlação mostram uma correlação forte e positiva de 0,750 com um valor de p de 0,500 significativo a 0,05%, o que significa que as questões relacionadas com a saúde são devastadoras em resultado do consumo de produtos poluídos de mandioca com mais incidências de derrames de petróleo na área de estudo. O estudo também afirmou que as práticas sociais e culturais dos agricultores e das comunidades locais na área de estudo são grandemente prejudicadas pelas incidências incessantes de derrames de petróleo, uma vez que existe uma relação significativa a este respeito, dado que a hipótese alternativa é confirmada contra a hipótese nula em virtude da correlação forte e positiva das práticas sociais e culturais afectadas pelos derrames de petróleo, com um valor de 0,755, bem como um valor p de -0,50 a um nível de significância de 5%.

5.2 Conclusão

Em conclusão, esta dissertação sobre a perceção do impacto dos derrames de petróleo na produção de mandioca na área governamental local de Oguta, no Estado de Imo, na Nigéria, lançou luz sobre os impactos multifacetados dos incidentes de derrame de petróleo na comunidade local. As conclusões sublinham os importantes desafios ambientais, económicos, sociais e culturais enfrentados pelos produtores de mandioca e pelos residentes em resultado da contaminação por petróleo nas zonas de produção de mandioca.

O estudo revelou um elevado nível de consciencialização e preocupação entre os participantes relativamente à ocorrência e às consequências dos incidentes de derrame de petróleo na Área Governamental Local de Oguta. Os impactos ambientais, tais como a degradação do solo, a contaminação da água, a poluição atmosférica e a perda de biodiversidade, foram identificados como as principais preocupações, salientando a necessidade de medidas eficazes de proteção ambiental e de práticas agrícolas sustentáveis. Do ponto de vista económico, verificou-se que os incidentes de derrame de petróleo têm efeitos prejudiciais na cultura da mandioca, incluindo a redução dos rendimentos, o aumento dos custos de produção, dificuldades de acesso ao mercado e perdas financeiras para os agricultores. Estas dificuldades económicas agravam ainda mais a vulnerabilidade das famílias de agricultores e ameaçam os seus meios de subsistência e o seu bem-estar económico. A nível social e cultural, os incidentes de derrame de petróleo perturbam os meios de subsistência tradicionais, as práticas culturais e a coesão da comunidade na área da administração local de Oguta. Os participantes relataram tensões sociais, sofrimento psicológico e perda de património cultural em resultado da contaminação ambiental e da instabilidade económica causadas pelos derrames de petróleo.

Apesar destes desafios, o estudo também revelou a existência de mecanismos de resiliência e de adaptação na comunidade. Os participantes salientaram a importância da capacitação da comunidade, das redes de apoio social e da resiliência cultural na resposta e recuperação dos impactos dos incidentes de derrame de petróleo na produção de mandioca.

luz destas constatações, é evidente que a abordagem dos impactos perceptíveis do derrame de petróleo na produção de mandioca na área da administração local de Oguta exige abordagens holísticas e específicas ao contexto. Os esforços para atenuar a degradação ambiental, apoiar a recuperação económica, reforçar a coesão social e preservar o património cultural são essenciais para promover o desenvolvimento sustentável e a resiliência das comunidades afectadas.

1.3 Recomendação

Tendo em conta as conclusões desta dissertação sobre os impactos percebidos do derrame de petróleo na produção de mandioca na Área Governamental Local de Oguta do Estado de Imo, são aconselhadas várias recomendações para enfrentar os desafios identificados e promover o desenvolvimento sustentável na área.

i. Aplicar medidas sólidas de proteção ambiental para evitar incidentes com derrames de petróleo nas zonas de produção de mandioca. Reforçar os mecanismos de controlo e de aplicação da regulamentação para responsabilizar as empresas petrolíferas pelas violações ambientais. Investir em sistemas de controlo, vigilância e alerta precoce para detetar e responder prontamente aos incidentes de derrame de petróleo.

ii. Promover práticas agrícolas sustentáveis que melhorem a saúde dos solos, a qualidade da água e a resiliência dos ecossistemas nas zonas de produção de mandioca. Incentivar a adoção de técnicas agroecológicas, métodos de agricultura biológica e práticas de conservação do solo para mitigar os impactos da contaminação por petróleo no cultivo da mandioca. Prestar assistência financeira, apoio técnico e programas de reforço das capacidades aos produtores de mandioca afectados por incidentes de derrame de petróleo.

iii. Criar cooperativas de base comunitária, associações de agricultores e redes de mercado para reforçar a resiliência económica e melhorar o acesso dos produtos da mandioca ao mercado. Efetuar um controlo sanitário regular e avaliações de risco para avaliar os impactos dos incidentes de derrame de petróleo na saúde dos consumidores de mandioca e dos membros da comunidade. Desenvolver intervenções específicas para atenuar os riscos para a saúde associados ao consumo de produtos de mandioca contaminados, incluindo a educação em matéria de segurança alimentar, a diversificação dos regimes alimentares e o acesso a fontes de água limpa.

iv. Preservar e promover os meios de subsistência tradicionais, as práticas culturais e a coesão comunitária nas zonas de produção de mandioca. Apoiar iniciativas que celebrem a cultura local, o património e os sistemas de conhecimentos indígenas relacionados com a cultura da mandioca e a produção alimentar. Promover o empoderamento e a participação da comunidade nos processos de tomada de decisão relacionados com a resposta ao derrame de hidrocarbonetos, a recuperação e os esforços de reforço da capacidade de resistência. Fortalecer as organizações comunitárias, os movimentos de base e as redes da sociedade civil para amplificar as vozes locais e defender a justiça social e ambiental.

v. Investir em iniciativas de investigação, recolha de dados e partilha de conhecimentos para aprofundar a compreensão das interações complexas entre os incidentes de derrame de petróleo e a produção de mandioca. Fomentar a colaboração entre investigadores, agências governamentais, organizações não governamentais e comunidades locais para co-criar soluções inovadoras e melhores práticas para lidar com os impactos dos derrames de petróleo na cultura da mandioca.

Ao implementar estas recomendações de forma honesta, as partes interessadas podem trabalhar em conjunto para resolver os impactos percebidos do derrame de petróleo na produção de mandioca na Área da Administração Local de Oguta e promover um desenvolvimento sustentável que beneficie tanto as pessoas como o ambiente.

REFERÊNCIAS

Abdulkareem, A.S. (1975) Evaluation of ground level concentration of pollutants due to gas flaring by computer simulation in Niger Delta region of Nigeria.

Abii, T.A. and Nwosu, P.C. (1979) the effects of oil spill on the soil of Eleme in Rivers State of the Niger Delta Area of Nigeria *Res. J. Environ Sci.* 3 (3) 316-320.

Achuba, F. (1976) The effects of sublethal concentrations of crude oil on the growth amf metabolism of cowpea (Virginia Unguiculata) seedlings *Ambiente* 26 (1): 17-20

Ade-Ademilu, O.E e Mbamalu, J. (1978) o crescimento e o desenvolvimento de Phaseolus Vulgaris L. sob irrigação com água poluída com gasolina e óleo diesel *Res J. Environ Toxiology* 2(1): 27-34.

Adeyemo, A. (1972) A instituição extra-ministerial da indústria petrolífera e o desenvolvimento agrícola sustentável: A case study of Okrika L.G.A of Rivers State, Nigeria. Journal of Oil and Politics, 2(1): 10-16.

Agarwal, S.K. (1972) Environmental management Ecoinformatics. 1(35): 125-130

Ahiarakwem, C.A et al., (2022). *Journal on Precipitation*, Intervalo de precipitação total anual.

Documentário da Al Jazeera News (2022).

Akamigbo, F. e Igwe, C.A. (1990.) Caraterísticas físicas e químicas do óleo de quatro *locais de solo de ravinas no Estado de Anambra Agric Journal* (7): 37-48.

Akaolisa, C.C. (1974) Role of Geodetics in Environmental Impact Studies in the Petroleum industry. *Journal of Advances in geodetics* Vol. 2.

Akinlabi, O.A., (1981) Effect of oil industrial activities in North April oil field Ministry of housing and environmental publications (5): 1-4.

Akoroda, M. (1970) Remediation response in the Niger Delta. *Jornal Ciência Ambiental 5 (2): 13-28.*

Akpofure, E.A. Efere, M.L. e Ayewei, P. (1970). Os efeitos adversos dos derrames de petróleo bruto no Delta do Níger. *Jornal de poluição ambiental* 90 (2) 18 -186.

Atubi, A.O. e Onokala P.C. (1976) The socio-economic effects of agriculture in the Niger Delta. *J. Environs Stud.* 2:250-56.

Awosika, L.F. (1995) Impacts of Global Climate Change and sea level Rise on Coastal Resources and Energy Development in Nigeria (Impactos das alterações climáticas globais e da subida do nível do mar nos recursos costeiros e no desenvolvimento energético na Nigéria). In Umolu J.C editado. Global Climate Change: Impact on Energy Development, DAMTECH Nigeria Limited. Pp 24.

Bosert, I e Bartha, R. (1984). The State of petroleum in soil ecosystem in R. Atlas (ed.) petroleum microbiology PP 435-443 New York, MacMillian Publishers.

Brian, K. (1997) Soil processes 1st edition Allen George Unwin Publishers London.

Burger, J. (1997) Oil spills, New Brunswick, NJ, Rutgers University press, U.S.A.

Hidoka, A. (1989) Crude petroleum in Port Harcourt: New Generation Publishers.

Hinda, L. e Braide, S.A. (1997). The impact of Oil Spills on the Ecology and Economy of Niger Delta. Actas do Workshop sobre Tecnologia de Desenvolvimento de Remediação Sustentável, realizado no Instituto de Estudos de Poluição, Universidade Estatal de Ciência e Tecnologia de Rivers, Port Harcourt PP 1 -11

Abe, M.C. (1980) Environmental problems of crude oil exploitation in the Niger Delta Unpublished B Sc project, Dept of Geography, Environmental management, University of Port Harcourt, Choba, Rivers State.

Dung, E.J., Bombom, L.S. e Agusomu, T.D. (1978). The effects of gas flaring on crops in the Niger Delta Nigeria Geo. J. 73:297-305

Duruigbo, E. (1973) Multinational Corporations and internal law Accountability and Comprehensive issues in the petroleum industry.

Ekanem, M. E. e Nwagbara M. O. (2010). Alterações climáticas, desertificação e produção de poeiras na Nigéria: A review Journal of Environmental System 32 (1): 5-15

Ekudayo, E. O. e Osayande, D.I (1971). Efeitos do óleo bruto de alimentos vegetais do centro-oeste da Nigéria Hum. 56 (4): 313-324

Essien, O. e John, I. A. (2010). Impacto do derrame de petróleo bruto e da remediação química nas propriedades agrícolas e no crescimento das culturas j. App. Sci. Environ Management 14 (4): 147-154

Etkin, D.S. (1999). Estimating cleanup cost for oil spills (Estimativa do custo de limpeza de derrames de petróleo). Actas, 1999 International oil spill International Oil Spill Conference American Petroleum Institute, Washington D.C.

Instituto Federal de Estatística (FOS) (1995). Resumo anual de estatísticas FOS, Lagos pp 343.

Instituto Federal de Estatística (2012). Volume de petróleo derramado anualmente de 1976 *a 2012* Estatísticas não publicadas. FOS, Lagos.

FEPA (1992). Avaliação de Impacto Ambiental Decreto nº 86 Suplemento Diário Oficial Extraordinário nº 73, vol 79, Imprensa do Governo Federal 34-40. 73, vol 79, Imprensa do Governo Federal 34-40.

FEPA (1995). Diretrizes sectoriais de avaliação do impacto ambiental para projectos da indústria do petróleo e do gás 1995.

Fernandez-Luqueno, F., Mendez-Butista, J. e Dendooven, I., (2012). Crescimento e desenvolvimento de velame comum (Vicia Sativa L.) em solos poluídos com gasolina. Emendado com *emendas* orgânicas ou inorgânicas *Revista africana de pesquisa agrícola* 7: 1259-267.

Hassan, F.M., William, D. T. e Mayson, M.S. (1972). Índices bacteriológicos da poluição da água e do solo. *Revista Africana de Biotecnologia* (31): 343-350.

Henry, J.G. e Heinke, G.W. (1975). Environmental Science and Engineering2nd edition prentice hall, India, New Delhi 1030061, PP 64-84.

Holgate, S.P (1976). Phytoremediation for oil spill cleanup and habit Restoration in louries coastal mardies; Effect of marsh plant species and fertilizer" in proceeding of North-East conference and exhibition of hazardous materials, Greenbelt, M.D pp 25-261.

Howitt. R. (1997) Rethinking Resource Management: Justice, sustainability and indigenous peoples. London: Routledge.

H.S.E; Shell Annual Report (1998) people and the environment Annual Bulletin of Shell, Nigeria.

Inoni, E.O., Omotor D.G. e Adun, F.N. (2013). O efeito do derrame de petróleo na produção agrícola e no rendimento agrícola no Estado do Delta J Cent Eur Agric. 7 (1): 41-48

Jess, (2022) Documentários sobre derrames de petróleo no Delta do Níger, Nigéria

Jike, V.T. (1971) Niger Delta Environment, Agricultural Disorientation and the most probable doomsday scenario Documento apresentado na Conferência sobre a dinâmica populacional da Nigéria, Universidade de Lagos, Nigéria

Nunle, D.T. (1978) on the threshold: environmental changes as causes of Acute Conflict International Security 16 (2): 76-116

Law, S. (1997) Household perception of the impact of crude oil exploration Jornal de Investigação Agrícola e Social 6 (2): 35-41.

Manpower Nigeria, (2022), publicação periódica sobre advocacia socioeconómica agrícola.

Mohit (2022), Oil Spill and its occurrences, a societal concern.

National Population Commission (1976) Census population data, Nigeria.

Nicholas, O., Madukwe, M.C., Enete, A.A., Amaechina, E.C., Onokala, P. e Eboh, A. (2012) Quadro para a Adaptação Agrícola às Alterações Climáticas no Sul da Nigéria. Int. J Agic Sc. 4 (5): 243-251. Acedido em 20th março, 2015.

Corporação Nacional do Petróleo da Nigéria (NNPC) (1986). O efeito da descarga de petróleo bruto da rutura do oleoduto na vegetação da região do Delta do Níger. Relatório da NNPC, Lagos.

Nigerian National Petroleum Corporation (NNPC) (1982) Petroleum Resources in Adeyemo A.M. (1973) Development and underdevelopment in a comparative perspective Amethyst and Colleague Publications, Port Harcourt.

Nnabuenyi, U.M. (2012) Impacto da exploração e aproveitamento de petróleo na região do Delta do Níger: Perspetiva Ambiental. In: Akpotor, A.S., Egboh, S.H., Ohwona, A.I., Orubu, C.O., Olabaniyi, S.G. e Olomo, R.O., editores. Five Decades of Oil Production in Nigeria: Impact on the Niger Delta. Ibadan: Centro de Estudos do Ambiente e do Delta do Níger pp 193 - 197.

Relatório da Agência Nacional de Deteção e Resposta a Derrames de Petróleo da Nigéria (NOSDRA) (2020/2021).

Nwankwo, C.L. (1989) A fitorremediação do ambiente aquático poluído com petróleo bruto pelo jacinto de água (Eichhornia Crassies) J. Livestock. Extension 8:48-52.

Nwilo, P.C. and Badejo, O.T. (1974) Impacts of oil spill along the Nigerian Coast Departamento de Topografia e Geo-informação, Universidade de Lagos, Nigéria.

Nwoko, N.C. (2013) Climate Change Revisited, Helsínquia.

Odjuvwuederhie, I., Donglason-Omobor e, G. e Felicia, A.N. (1976) Effect of Oil spill on crop production and farm income in Delta State of Nigeria J. Central Eur. Agric. 7 (1): 41-48.

Odu, C. (1987) Degradation and wealth of crude oil under tropical conditions: the Petroleum Industry and the Nigerian Environment, Lagos: NNPPC pp 143-15.

Ofomata, G.E.K. (1975) Nigeria in Maps: Eastern states Ethiope publishing.

Ojimba, T.P. (2012) Determinação dos efeitos da poluição por petróleo bruto na produção vegetal utilizando a função de produção translog estocástica no Estado de Rivers *Journal of Development and Agricultural Economics* 4(13): 346-360 Doi: 10.5897/JDAE 12.082.

Oknowu, K., Amakiri, J.O. e Etukudo, M.M. (2010) Desempenho do milho (Zea mays l.) no tratamento de petróleo bruto *Global J. Pure Applied Sciences* 16:173-176.

Oluwole e Alize, (2022) Relatórios sobre o derrame de petróleo bruto resultante das actividades de vários grupos de resistência no Delta do Níger, na Nigéria.

Onwioduokit, E.A. (1999) "Soils" In Oyegun, C.U. and Adeyemo, A. Port Harcourt Regions Port Harcourt: Paragraphics.

Ozumba C. (1997) Oil spill and Environmental Impacts FUTO: Owerri Press.

Sada, P.O e Odermarho, F.O. (1988) *Environment issue and management in Nigeria* Ibadan: Evans.

Schlosberg, D. (1977) *Defining Environmental Injustice: Theories, Movements and Nature* Oxford University Press.

Twumasi, Y. e Merem, E. (1976) GIS e aplicações de deteção remota na avaliação da mudança num ambiente costeiro na região do Delta do Níger da Nigéria *International Journal of Environmental Research and Public Health* 3 (1): 98-106.

Udo, E.J. and Fayemi, A.A. (1975) Effects of oil pollution of soil on germination, growth and nutrient up take of corn *Journal of Environmental Quality* 4:537-540.

Udosen, E.D. (1995) Avaliação de alguns metais em resíduos industriais da indústria de tintas e suas implicações na poluição ambiental *Nig. J. Technol. Res.* 2:71-72.

Uzohu, B.U., Oti, N.N. e Onweremadu, E.U. (1974) Effects of crude oil
Poluição no crescimento do milho e nas propriedades do solo em Ihiagwa, Estado de Imo, Nigéria *Int J. Agric. Rural Dev.* 5:41-100.

Banco Mundial (1995) Environmental Economic Study of the Niger Delta, Nigeria. Um relatório sobre o Delta do Níger.

Worika, D.L. (1990) *Oil in Nigeria: Conflict and litigation between oil Companies and village Communities (Conflitos e litígios entre as empresas petrolíferas e as comunidades das aldeias*) Ibadan: Evans Publishers.

APÊNDICES

APÊNDICE A

TÓPICO: IMPACTO DO DERRAME DE PETRÓLEO NA PRODUÇÃO DE MANDIOCA NA ÁREA GOVERNAMENTAL LOCAL DE OGUTA DO ESTADO DE IMO

Caro inquirido,

Leia as perguntas que se seguem e dê as suas respostas da forma mais sincera possível no espaço reservado para o efeito, assinalando as casas previstas para o efeito.

Informações pessoais

Sexo: Masculino Feminino

Profissão: Agricultor de mandioca, funcionário público

Qualificações académicas: FSLC, Primeiro grau, Pós-graduação

Idade:

30-35

36-55

56 anos ou mais

SECÇÃO B: Assinale corretamente as seguintes opções (√):

Questão de investigação 1: Quais são as percepções das comunidades locais, dos agricultores e das partes interessadas relativamente aos impactos ambientais dos incidentes de derrame de petróleo associados à produção de mandioca na área da administração local de Oguta?

S/N	TEMPO	SD	A	D	SD
1	A comunidade está preocupada com o impacto ambiental dos derrames de petróleo na produção de mandioca				
2	A opinião pública considera que os derrames de petróleo constituem uma ameaça significativa para o ambiente e a agricultura na zona				
3	Os agricultores acreditam que os derrames de petróleo afectaram negativamente a produção e a qualidade da				

	mandioca				
4	Existe um consenso entre os membros da comunidade de que os esforços de limpeza do derrame de petróleo são inadequados				

Questão de investigação 2: Qual é a perceção dos produtores de mandioca e das partes interessadas em relação às perdas económicas resultantes de incidentes de derrame de petróleo associados à produção de mandioca na área da administração local de Oguta?

5	A comunidade reconhece a importância económica da produção de mandioca na economia local	**SD**	**A**	**D**	**SD**
6	A opinião pública considera que os derrames de petróleo tiveram um impacto negativo no rendimento e nos meios de subsistência dos produtores de mandioca				
7	Os agricultores apercebem-se de uma diminuição dos seus rendimentos e lucros devido à redução da produção e comercialização da mandioca causada pelos derrames de petróleo				
8	Existe um consenso entre os membros da comunidade de que os derrames de petróleo impedem o desenvolvimento económico e o crescimento na área				

Questão de investigação 3: Quais são as implicações para a segurança e a saúde do consumo de produtos de mandioca provenientes de explorações com derrames de petróleo na área governamental local de Oguta?

9	Os membros da comunidade estão preocupados com os potenciais riscos para a saúde associados ao consumo de produtos de mandioca cultivados em terras agrícolas afectadas por derrames de petróleo	**SD**	**A**	**D**	**SD**
10	A opinião pública considera que os derrames de petróleo podem contaminar as culturas de mandioca com substâncias tóxicas nocivas para a saúde humana				

11	Os agricultores têm a perceção do risco de contaminação do solo e da água por derrames de petróleo, o que afecta a segurança e a qualidade dos produtos de mandioca				
12	Existe um consenso entre os membros da comunidade de que o consumo de produtos de mandioca provenientes de zonas afectadas por derrames de petróleo representa um risco para a saúde				

Questão de investigação 4: Como é que os produtores de mandioca e as comunidades locais percepcionam as perturbações sociais e culturais resultantes dos incidentes de derrame de petróleo na área governamental local de Oguta?

13	Os membros da comunidade consideram que as ocorrências de derrames de petróleo constituem uma ameaça às práticas agrícolas tradicionais e ao património cultural na área da administração local de Oguta	**SD**	**A**	**D**	**SD**
14	A opinião pública considera que os incidentes de derrame de petróleo perturbam a coesão social e a solidariedade comunitária na área da administração local de Oguta				
15	Os agricultores têm a perceção de um impacto negativo na transmissão de conhecimentos e práticas agrícolas tradicionais devido à ocorrência de derrames de petróleo				
16	Existe um consenso entre os membros da comunidade de que os incidentes com derrames de petróleo contribuem para a erosão dos valores e normas culturais relacionados com a agricultura				

Questão de investigação 5: Quais são as consequências mentais ou psicológicas sentidas pelos produtores de mandioca e pelas comunidades locais em resultado da ocorrência de derrames de petróleo na área da administração local de Oguta?

17	Os agricultores sofrem de stress e ansiedade devido ao potencial impacto dos derrames de petróleo nas suas culturas de mandioca e nos seus meios de subsistência	**SD**	**A**	**D**	**SD**
18	A opinião pública considera as ocorrências de derrames de petróleo como uma fonte de preocupação e incerteza quanto aos riscos ambientais e sanitários associados aos produtos de mandioca contaminados				
19	Os agricultores exprimem frustração e impotência face aos repetidos incidentes de derrame de petróleo e aos seus efeitos adversos na produção de mandioca				
20	É consensual entre os membros da comunidade que as ocorrências de derrames de petróleo contribuem para sentimentos de raiva e ressentimento em relação às partes responsáveis				

Apêndice C

1.

N	S	N	S	N	S	N	S	N	S
10	10	100	80	280	162	800	260	2800	338
15	14	110	86	290	165	850	265	3000	341
20	19	120	92	300	169	900	269	3500	246
25	24	130	97	320	175	950	274	4000	351
30	26	140	103	340	181	1000	276	4500	351
35	32	150	108	360	186	1100	285	5000	357
40	36	160	113	380	181	1200	291	6000	361
45	40	180	118	400	196	1300	297	7000	364
50	44	190	123	420	201	1400	302	8000	367
55	48	200	127	440	205	1500	306	9000	368
60	52	210	132	460	210	1600	310	10000	373
65	56	220	136	480	214	1700	313	15000	375
70	59	230	140	500	217	1800	317	20000	377
75	63	240	144	550	225	1900	320	30000	379
80	66	250	148	600	234	2000	322	40000	380
85	70	260	152	650	242	2200	327	50000	381
90	73	270	155	700	248	2400	331	75000	382
95	76	270	159	750	256	2600	335	100000	384

Note: "N" is Population Size
"S" is Sample Size.

MIX
Papier aus verantwortungsvollen Quellen
Paper from responsible sources
FSC® C105338

Printed by Books on Demand GmbH, Norderstedt / Germany